AF464867

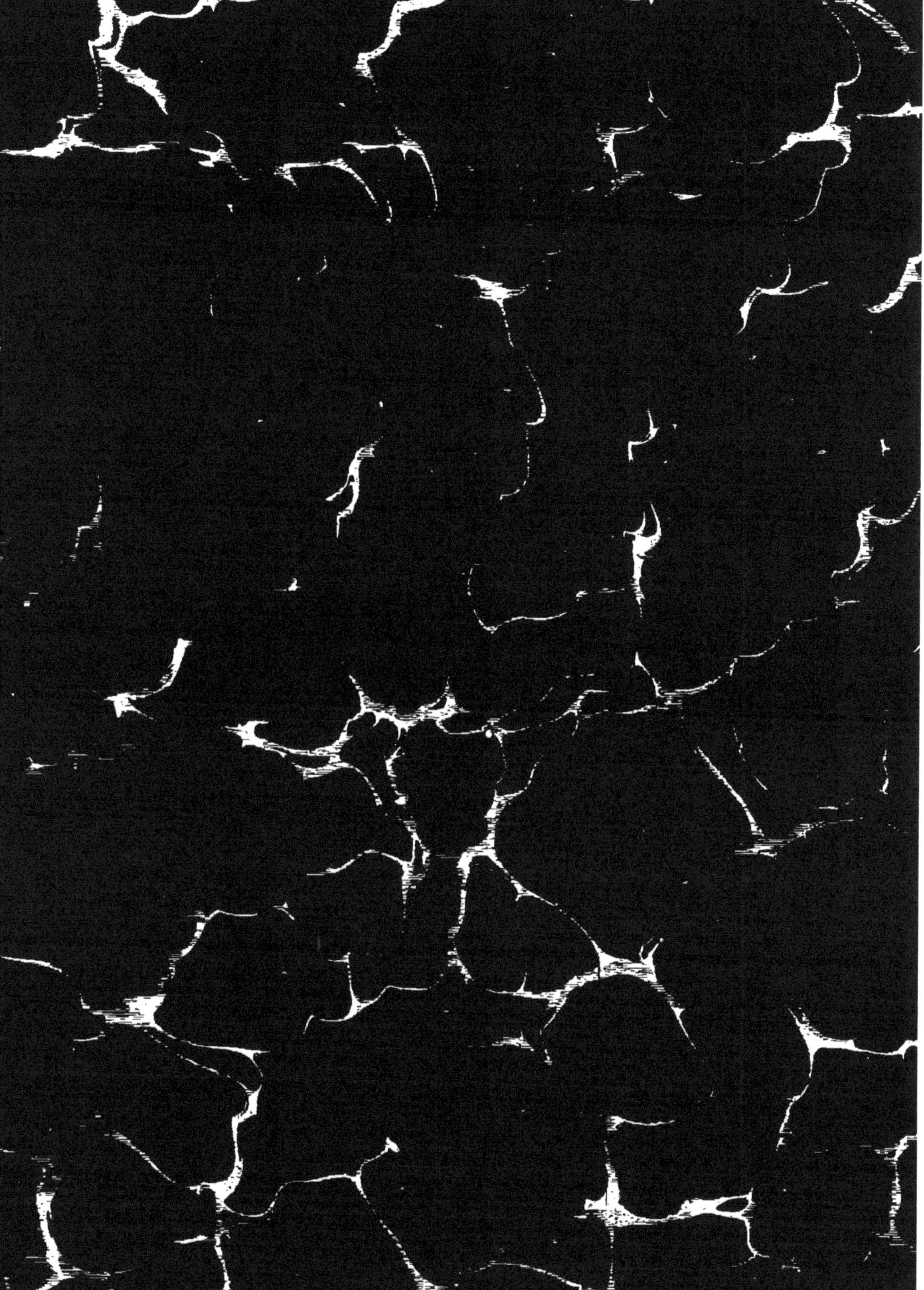

NOTES BRÈVES

SUR LA

CHASSE DU CERF D'ESCAPE

CET OUVRAGE

a été tiré à 150 exemplaires numérotés

N°

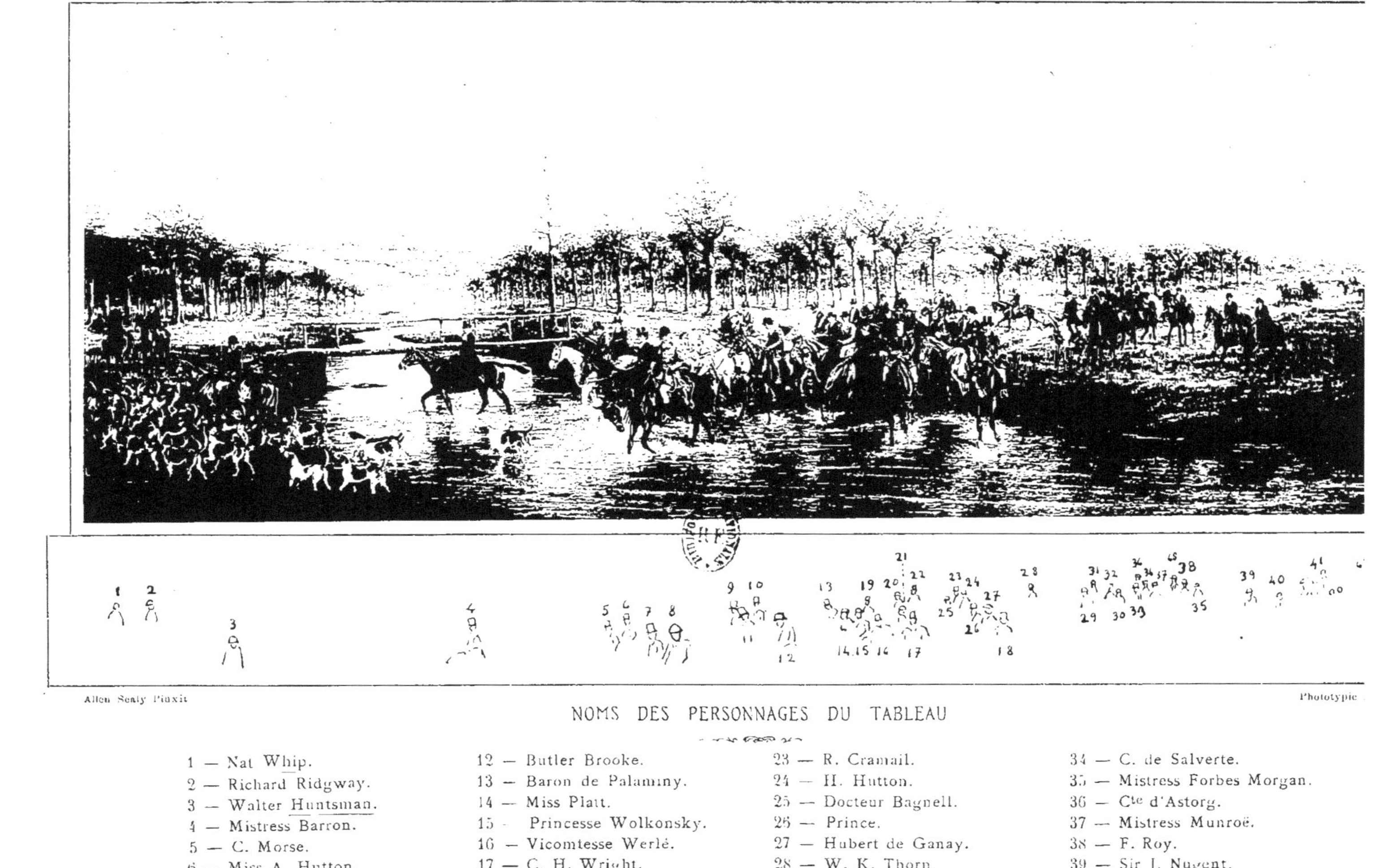

Allen Sealy Pinxit — Phototypie

NOMS DES PERSONNAGES DU TABLEAU

1 — Nat Whip.
2 — Richard Ridgway.
3 — Walter Huntsman.
4 — Mistress Barron.
5 — C. Morse.
6 — Miss A. Hutton.

12 — Butler Brooke.
13 — Baron de Palammy.
14 — Miss Platt.
15 — Princesse Wolkonsky.
16 — Vicomtesse Werlé.
17 — C. H. Wright.

23 — R. Cramail.
24 — H. Hutton.
25 — Docteur Bagnell.
26 — Prince.
27 — Hubert de Ganay.
28 — W. K. Thorn

34 — C. de Salverte.
35 — Mistress Forbes Morgan.
36 — Cte d'Astorg.
37 — Mistress Munroë.
38 — F. Roy.
39 — Sir J. Nugent.

NOTES BRÈVES

SUR LA

Chasse du Cerf D'ESCAPE

à PAU

Par THYA HILLAUD

AVEC ILLUSTRATIONS DE LUCE BAZIRE

ET UNE PHOTOTYPIE DU TABLEAU D'ALLLEN SEALY

PARIS
PAIRAULT & Cie, IMPRIMEURS-ÉDITEURS
3, PASSAGE NOLLET, 3

1907

A MONSIEUR

C. H. RIDGWAY Esq.

M. P. H.

EN SOUVENIR DE NOS BELLES CHASSES

DU PRINTEMPS DERNIER

AVEC TOUS LES MEILLEURS SENTIMENTS

DE L'AUTEUR

ATTENDANT MIEUX

Table des Chapitres

Table des Illustrations

CHAPITRE PREMIER

HISTORIQUE

Chasse à la Haie. Chasse aux Toiles. Panneautages.

Chasse à la Haie

'EST dans la Cynégétique d'Oppien (livre XI), que se trouve l'invention des banderoles : « Pour écarter « les bêtes des points où elles auraient trouvé des « issues, dit-il, on suspend aux branches des arbres, ou à des « piquets placés de distance en distance, des cordons auxquels « on attache des plumes d'oiseaux de couleurs vives ; le vent « les agite, et cet épouvantail suffit parfaitement pour exciter « les défiances du gibier ».

Il est inutile que le poète grec s'ingénie à trouver, dans l'odeur fétide des plumes de vautour, que l'on employait d'ordinaire, la cause de cette répulsion.

Il est certain que la *haie de chasse* fut employée dès les temps les plus reculés. Elle avait la forme d'un V, et se terminait en pointe par une *fosse* ou un *rêt.*

C'est encore le système employé actuellement pour les nasses et verveux, où le poisson peut entrer, mais dont il ne peut plus sortir.

Les haies avaient donc essentiellement la forme d'un *che-*

vron ou d'une *fourche*. Deux lignes écartées, puis se rapprochant de façon à ne laisser qu'un passage étroit à leur extrémité, là où se trouvait placé le piège, telle était la disposition invariable de l'appareil dans sa plus ancienne forme.

Plus tard, au XIVe siècle, Gaston Phœbus, comte de Foix, écrivit son livre " Miroir des déduitz de chasse". Il y mit un chapitre intitulé : *Moyens de fere haies pour toutes bêtes*, qui contient les principes très modifiés de la chasse à la haie

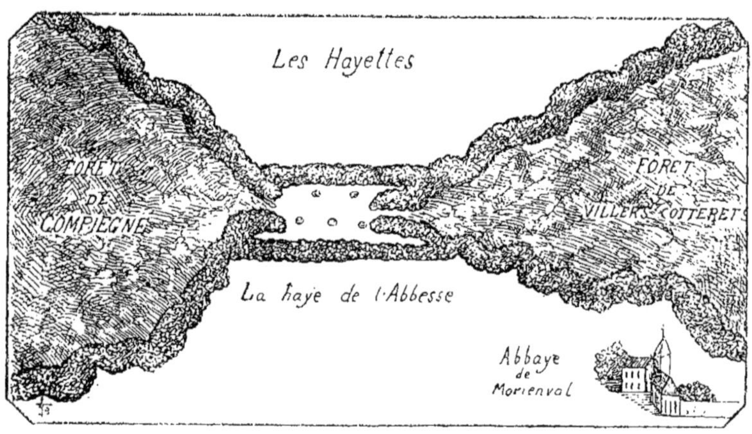

antique. L'auteur, si expérimenté, fait un récit animé du mode de capture employé pour détruire les animaux *malfaisants*, mais aussi les *bestes doulces* et sauvages. Des traqueurs, rangés en demi-cercle, menant grand bruit de la voix ou du cornet, dirigeaient les animaux vers une haie d'un seul alignement où d'avance on avait préparé de nombreux pertuis, garnis de filets parfaitement masqués. Les animaux effarés se précipitaient vers ces issues ; enveloppés dans les poches des *rais*, ils tombaient sous les coups d'hommes apostés derrière la haie, faisant ainsi le *guet à pans*. « Ces captures par engins ne valent pas, « dit l'auteur, les beaux déduitz de la chasse à courre et à force, « qui plaisent tant aux bons veneurs ; il faut en laisser l'usage

« aux vielz et aux gras..... à toutes gens, enfin, qui redoutent « la fatigue et la peine ».

La chasse à la haie est encore pratiquée au nord de l'Europe, en Pologne et en Russie.

Ces haies variaient suivant la disposition des forêts. Ainsi, pour la haie de Morienval, dont nous donnons le dessin ci-contre, au point où les forêts de Compiègne et de Villers-Cotterets se touchent par une langue de terre très rétrécie, ne suffisait-il pas d'établir de chaque côté une haie ou chevron, et de réunir la pointe de ces cônes dans une même enceinte, pour que tout animal sauvage, à l'époque du rut ou dans ses velléités de migration d'une forêt dans l'autre, ne put éviter d'être pris (1).

Chasse aux Toiles

Les *toiles* jouaient, pour la chasse des grands animaux, le même rôle que les haies, c'est-à-dire qu'elles arrêtaient la fuite des bêtes et les livraient aux coups des chasseurs. Les anciens prisaient fort les *laps* (de l'allemand Lappen, lambeaux) ou pièces de toiles suspendues à des cordes, qu'ils remplaçaient souvent par des plumes (2).

En France, c'est seulement en 1464 que nous voyons mentionner pour la première fois la chasse avec des toiles, lorsque François de la Boissière, déjà grand Louvetier, devint le grand tendeur des toiles des chasses du Roy (3).

Sous Louis XII, le jeune comte d'Angoulême, plus tard François Ier, chassait souvent aux toiles, comme en témoigne G. Budé (4). Mais c'était surtout le Sanglier que l'on chassait dans les toiles.

(1) A l'heure actuelle, les animaux ont conservé la même ligne de passage. Une ferme a été construite, dite la Haie l'Abbesse, à l'endroit même de l'ancienne haie, et les migrations des Cerfs se font au ras du mur de cette ferme.

(2) *Pinatum formido*, voir Gratius.

(3) Voir le père Anselme.

(4) *Comptes de la Vénerie de Charles VIII*, etc., par G. Budé.

Henri IV et Louis XIII chassèrent beaucoup aux toiles, Louis XIV aussi ; Louis XV ne paraît pas s'y être complu, mais dans le journal de Louis XVI nous trouvons le récit de quatre hourailleries (1) pendant l'année 1775 seulement, dont deux à Fontainebleau et deux à Compiègne.

Plus tard, sous la Restauration, on fit encore des hourailleries.

La dernière eut lieu à Compiègne, trois jours avant la Révolution de 1830 : on avait réuni dans un *fermé* autour du *Puy du Roy* plus de six cents animaux de toutes espèces : Cerfs, Biches, Sangliers, Chevreuils, Renards, Lièvres, etc.

Les tireurs étaient : S. M. le roy Charles X, le duc et la duchesse d'Angoulême, le roy et la reine de Naples, etc., en tout huit fusils.

Panneautages

On se servait aussi des toiles, soit pour faire des galeries, à l'aide desquelles on conduisait des Cerfs d'une forêt dans une autre, soit pour prendre des grands animaux vivants. Dans ce cas, l'animal était poussé vers un coin de l'enceinte garnie de toiles et enfermé dans un caisson muni d'une trappe. Puis le tout était chargé sur un chariot.

Les toiles dont on faisait usage avaient neuf pieds de hauteur lorsqu'elles étaient tendues, afin que les animaux ne pussent les franchir ; elles étaient garnies aux bords supérieur et inférieur d'une corde bien câblée qui servait à les tendre. Une de leurs extrémités avait des espèces d'œillets en corde et l'autre, également pourvue d'œillets, avait de plus un petit bâtonnet fixé à demeure. Ces bâtonnets, posés dans les œillets de la pièce de toile suivante, servaient à réunir les deux morceaux d'une manière solide ; c'est ce que l'on appelait *marier les pièces*. On tendait ces toiles avec de forts pieus du diamètre de 3 pouces, et d'une longueur de 12 à 13 pieds.

(1) Hourailleries, chasses aux toiles.

Ces pieus étaient taillés en pointe par le bout qui s'enfonce en terre, l'autre bout garni de trois à quatre clous à crochet, placés à des hauteurs inégales, pour accrocher la corde qui borde le haut des toiles, suivant les inégalités du terrain. Les pieus étaient placés de 12 en 12 pieds. (Dans l'équipage du Roy, on se contentait d'accrocher le *maître des toiles* à des branches d'arbres, coupées exprès à leur extrémité.) La corde du bas des toiles était assujettie par de petits piquets à crochets de 2 pieds de long. On devait être pourvu de maillets pour enfoncer ces piquets et de fortes masses pour faire entrer les pieus en terre ; si le terrain était dur et pierreux, il était bon d'avoir aussi quelques pioches.

Enfin, les engins étaient complétés par un certain nombre d'*échelles* très curieuses, qui, par le moyen d'un pied fait en fourche par le haut et tenant à l'échelle par un boulon qui lui donne l'aisance de s'ouvrir à volonté, font l'usage d'échelles doubles sans être ni aussi lourdes ni aussi encombrantes.

Les panneaux dont on se servait pour prendre les animaux avaient 8 pieds de hauteur et étaient faits en ficelle très forte à mailles carrées de 4 pouces de diamètre ; ces panneaux, bordés en haut et en bas d'une corde solide passée dans *l'enlarmure* des mailles, étaient soutenus par des fourches longues de 9 pieds. Les voitures contenant tout ce matériel partaient de bonne heure au rendez-vous désigné, pendant que les valets de limier s'occupaient à détourner les animaux. Aussitôt le rapport fait, le valet de limier, qui avait détourné, conduisait les hommes vers son enceinte et les plaçait à l'entour, à environ vingt pas les uns des autres. Ils devaient contenir le gibier, sans crier, mais en agitant des mouchoirs et des chapeaux, dans le cas où il se présenterait pour franchir l'enceinte avant que les toiles fussent tendues. On se dépêchait donc de tendre, en commençant par la partie placée sous le vent, pour moins effrayer les animaux. Puis on rentrait dans l'enceinte et on tendait les panneaux, dont on attachait solidement à deux arbres la corde du haut, soutenue de distance en distance par les fourches, placées toujours vis-à-vis l'une de l'autre, obliquement, de façon à ce qu'elles fussent seulement posées à terre, la corde inférieure des panneaux restant flottante.

Des gens adroits étaient placés le long des panneaux, ils se cachaient du mieux possible à l'intérieur de l'enceinte. Les batteurs, entrant alors en lice, marchaient sans bruit en pous-

sant les animaux devant eux. Dès qu'un de ceux-ci donnait dans le panneau, il faisait tomber les fourches, s'embarrassait dans le filet et tombait lui-même. Les hommes les plus proches s'empressaient de se jeter dessus. Si c'était un Cerf, il fallait cinq hommes vigoureux pour s'en rendre maîtres. On leur sciait les bois jusqu'à l'andouiller de massacre, dont on sciait aussi le petit bout pour lui ôter la possibilité de blesser quelqu'un. L'animal dégagé du filet, on lui passait deux fortes longes au-dessus des pierrures et on le tirait vers la caisse que l'on avait approchée, une des portes ouverte. On passait les bouts des cordes à travers la caisse, les extrémités sortant par les ouvertures pratiquées dans la porte opposée. En tirant sur les longes, et en poussant le cerf avec douceur, on le faisait entrer dans la caisse, dont on fermait la porte derrière lui. Il était alors facile de retirer les longes en lâchant un bout.

N. B. — Lorsque les animaux doivent être transportés un peu loin, il est bon de leur jeter de temps en temps de *l'eau sur le dos*, afin de les rafraîchir. (Ainsi parlait M. Jourdain dans son livre si intéressant sur la chasse.)

Lettre de M. Peiffer, inspecteur des Eaux et Forêts à Compiègne, à propos du panneautage du 30 mars 1907.

Sous le deuxième Empire, on a souvent fait des panneautages restreints, qui avaient surtout pour but de porter des animaux de chasse sur un point choisi comme rendez-vous (1).

Ces opérations ont été reprises en 1903 dans la forêt de Compiègne, sur le désir de M. Mougeot, alors Ministre de l'Agriculture, en vue de porter dans d'autres massifs de l'Etat des animaux dont la mort pure et simple était prononcée chaque année, pour remédier aux dommages de la forêt et calmer les plaintes souvent acerbes des cultivateurs riverains.

Tout d'abord, il a fallu procéder à la reconstitution du matériel nécessaire, qui faisait absolument défaut : panneaux, banderoles, caissons d'expédition, etc., etc. (2).

Des rapports des gardes, centralisés et vérifiés par les brigadiers et les agents forestiers, il résulte qu'une harde de grands animaux (3) séjourne généralement sur un point donné ; et, qu'en outre, dans les environs, des passages fréquents sont signalés ; de plus, et de ce même côté, existent des parties assez fourrées, principalement de jeunes gaulis, dans lesquels

(1) Voir de La Rue. — *Les Chasses du second Empire.*

(2) On avait bien l'ancien matériel du roi Charles X, qui était encore en usage sous le règne de l'Empereur Napoléon III, mais il était usé et pourri et n'a pu servir que de modèle.

(3) Les Cerfs et Biches se disent *grands animaux* en termes de vénerie.

on pourra refouler et maintenir les animaux : C'est là qu'il faudra établir le *fermé*. Pour plus de facilité on donnera à ce fermé une forme régulière, généralement un quadrilatère, en prenant pour côté une des nombreuses routes qui sillonnent la forêt.

Dès la pointe du jour choisi, les côtés de l'un des angles de cette enceinte seront, sur une longueur de 7 à 800 mètres environ, pourvus d'une triple rangée de banderoles. A la même heure, le personnel des gardes, rassemblé et disposé sur une longue ligne assez irrégulière, rejoignant les côtés banderoles de façon à ce que chacun puisse voir ses voisins, malgré la distance souvent assez grande. Par des battues simultanées faites sans bruit et sans à-coup, le personnel s'efforce de pousser hardes ou animaux isolés dans l'angle ci-dessus préparé (opération très délicate que peut rendre vaine la plus petite inattention). Supposons-la réussie, il faudra alors avec une extrême rapidité faire décrocher par les hommes, qui n'auraient pas participé au mouvement d'ensemble, les banderoles placées sur le prolongement des côtés de l'angle initial, et asseoir définitivement le *fermé* ; limité de tous côté par des chemins et cela par une triple rangée de banderoles. En même temps gardes et auxiliaires se répartissent autour et veillent à ce que les animaux ne tentent pas de s'échapper. (Surveillance très stricte, car, s'ils s'approchaient trop des banderoles, ils auraient vite fait de trouver un point faible, et procéderaient à une sortie en masse que rien ne pourrait arrêter.)

C'est alors que le personnel, en marche depuis les premières heures du jour, peut songer à prendre un peu de repos. On fait venir de l'arrière la voiture contenant les panneaux, qui seront étendus dans l'enceinte. La meilleure disposition consiste à les placer sur l'axe des routes qui traversent le *fermé*, en les recoupant de façon à former un X (1), mais en veillant à ce que les lignes de panneaux cessent à 50 mètres environ des banderoles

(1) C'est le retour à la vieille haie des anciens, mais en double chevron cette fois.

et laissent un même intervalle au croisement des routes, où seront garées les voitures, et où se tiendront les officiers forestiers et les spectateurs privilégiés. — Quelque chose comme le quartier général.

Les panneaux seront dressés sur des perches de 0.05 environ de diamètre et de 3 mètres de longueur, taillées en pointe au gros bout pour pouvoir être fichées en terre, et terminées au petit bout scié par une encoche très nette à mi-bois sur laquelle on appuie le *maître* supérieur du panneau. On a soin de les placer à la billebaude (1), de façon à ce que le choc sur un point n'entraîne pas la chute totale. En avant de ces panneaux, et autant que possible abrités par des arbres, on place quelques équipes de deux hommes, pourvus de cordes bien souples de 2 à 3 mètres de longueur, destinées à former des nœuds coulants, faciles à desserrer, dont le rôle sera de se précipiter sur les animaux panneautés. Enfin, de loin en loin seront disposées des civières formées de bandes de toile clouées sur des bâtons pour le transport des animaux vers les caissons (2).

Tout est donc préparé pour la bataille, et les deux armées sont en présence. Mais il ne faut pas oublier que les gardes sont sur pied, quelques-uns depuis deux ou trois heures du matin, qu'ils se sont démenés depuis leur arrivée au rendez-vous, et qu'ils ont grand besoin de réparer leurs forces pour accomplir la deuxième partie et non la moins pénible de leur tâche. C'est donc le moment d'ouvrir les sacs (3), sans cesser de surveiller le *fermé*, ce qui va permettre aux invités d'arriver au moment psychologique.

Au signal donné par l'inspecteur, les batteurs, placés à l'extrémité du *fermé* se mettent en route vers une des lignes

(1) Terme de vénerie qui signifie *de-ci de-là*. Ils billebaudent, les chiens qui ne font que rabattre les voies et chasser du change. (*Le Langage de la Vénerie*, par E. et L. de Villiers.)

(2) Ces brancards, copiés sur le modèle de ceux qui servent au transport des blessés à la guerre, sont très commodes et peu encombrants, car ils se roulent sur eux-mêmes.

(3) Ces sacs contiennent le déjeuner des hommes.

de panneaux. Les animaux manqués sur l'une se jettent dans l'autre, et la disposition en X donnera trois chances de les atteindre au lieu d'une. Si la harde force les rabatteurs, ceux-ci font demi-tour sur place pour ne pas perdre de temps et poussent les animaux vers leur point de départ, tandis que les hommes placés à l'extérieur, le long des banderoles, s'agitent, font du bruit et vont et viennent le long de la clôture. En tournant, les animaux vont se jeter sur l'autre ligne. Forcent-ils de nouveau? Autre demi-tour des rabatteurs qui doivent faire le plus de bruit possible pour affoler les bêtes et les déharder (seul moment où leur capture sera possible).

Au début, en effet, la harde passe toute entière au-dessus des panneaux, et c'est là un des plus jolis spectacles que puisse désirer un chasseur.

Lorsque enfin le déhardage est opéré, le moment est venu pour les rabatteurs de redoubler d'efforts et de pousser les animaux vers les filets, par-dessus lesquels ils n'ont plus assez de *pied* pour sauter. Une Biche, puis une autre se prennent. Vite les équipes voisines accourent avec leurs cordes à jarrets : l'un se précipite sur l'animal enserré dans le filet, et lui saisit les oreilles, en même temps qu'il appuie son genou sur le cou, assurant ainsi son immobilité (1), pendant que l'autre, à travers les mailles du filet, attache les quatre pattes avec autant de vigueur que de précautions. Une civière est appelée; et quatre hommes portent l'animal dans une des caisses réparties autour du fermé.

Quelquefois c'est un Cerf qui se prend, et ce n'est pas sans difficultés, même sans danger, qu'on peut le rendre à la forêt.

Quelques heures de semblable poursuite ont fatigué les animaux, et, pour peu que le soleil se montre, ainsi qu'il est arrivé le 30 mars dernier, ils sont tous « hallali »; leur capture serait facile, sinon tentante, mais il serait à craindre que leur mort ne survînt en caisse.

(1) Les Anglais ont inventé une cordelette, dont la description est donnée plus loin et qui est moins brutale, tout en arrivant au même résultat.

Comme le transport sur les voies ferrées est compté au double du poids brut, soit 200 kilogrammes par animal, le destinataire ferait mauvaise figure à la réception.

Il s'en faut de beaucoup que, dans la pratique, le résultat d'une séance de panneautage soit régulier. La défiance des animaux, un garde qui laisse forcer la ligne des banderoles, je ne parlerai que pour mémoire du vent mal placé (au Nord ou à l'Est), enfin de mille incidents qui réduisent à néant le travail de plusieurs heures.

Ces opérations coûtent cher; elles sont faites aux risques et profits personnels des gardes, qui auraient droit aux animaux tués au fusil dans une destruction ordinaire.

La dépense s'élève à 350 francs environ par journée utile ou non, à cause du déplacement de 60 à 70 hommes et des 5 camions à 2 chevaux contenant les caisses, panneaux et accessoires.

Les animaux étant vendus 100 francs tout panneautés, mis en caisse et rendus en gare de Compiègne, il faut donc que la quantité prise soit d'au moins 8 pour qu'il reste un bénéfice à la caisse de la Société de secours mutuels des préposés forestiers.

CHAPITRE II

De la Chasse du Cerf en Angleterre

Foot-people staring and horse-men preparing
Now there's a murmur, a stir and a shout.
Fresh frow his carriage as bridegroom in marriage
The Lord of the Valley leaps gallantly out. (1)

A dit WHITE MELVILLE, *dans un poème resté célèbre.*

A chasse au Cerf, aux temps féodaux, était l'apanage de la royauté, puis de la noblesse. Nicolas Fox a dit que la saison du Cerf commence en été, à la mi-août, et finit au jour d'Holyrood, c'est-à-dire au commencement du rut, vers le 1er octobre. La Biche, au contraire, se chasse depuis cette époque jusqu'au mois d'avril.

On chassait souvent autrefois le Cerf dans des parcs fermés, à travers lesquels on avait tracé des allées, cela se fait encore en Allemagne et même en France. Monseigneur le Prince de Joinville avait à Clairvaux un parc tout rempli de Daims, qu'il tirait à la carabine. D'autre part, dans le parc de Souvilly, appartenant à Mme Olry-Rœderer, et qui est d'une superficie de 1.000 hectares, on entretient toujours un certain

(1) Les gens de pied sont aux aguets, les cavaliers se préparent. Soudain, l'on entend un petit bruit, comme un coup sur du bois, puis un bond au dehors ; et le Lord de la Vallée, sautant de sa voiture, léger comme une jeune mariée, prend gaillardement sa course.

nombre de grands animaux qui servent au dressage des jeunes chiens.

Ce n'est qu'après la mort du roi Georges III d'Angleterre que les royal *Buck hounds* ont été de purs fox-hounds, et se mirent à chasser le Cerf d'escape. Les animaux royaux étaient élevés dans les parcs de Richemond et de Windsor, mais on les croisait de temps en temps avec des Cerfs vigoureux pris dans d'autres parcs. Il fut un temps où l'on préférait des Cerfs aux bois coupés, mais on trouva qu'ils couraient mal; aussi, à la fin, l'écurie ne se composait que de Biches et de Castrats. (Ceux qui sont castrés au sevrage ne poussent pas de bois du tout, tandis que ceux qui sont opérés à un an poussent une sorte de bois courts qui ne se renouvellent pas.)

Les Cerfs royaux habitaient Swinley Paddocks où était autrefois la résidence officielle du Maître d'équipage.

Lord Ribblesdale a fait un livre très intéressant sur l'histoire de la meute royale jusqu'à sa mise bas, qui eut lieu en 1902.

Une vingtaine d'animaux, soigneusement choisis, étaient pris tous les ans dans les parcs et placés dans les paddocks pendant la saison des chasses. On les nourrissait de bon foin, de vieilles fèves et de carottes. Ils se maintenaient eux-mêmes en condition en jouant entre eux; et, si cela ne suffisait pas, on les excitait à courir en leur faisant peur avec des fouets.

La charrette à Cerfs, semblable aux vans dans lesquels on met les chevaux de courses, contenaient deux animaux. Le matin de la chasse on en poussait un couple dans un appentis, juste assez grand pour les contenir. S'ils étaients méchants, le gardien se protégeait avec un bouclier de laine. Puis, la charrette acculée contre une porte, le premier cerf était poussé dedans la tête vers les chevaux, on fermait une cloison mobile, et le deuxième venait prendre place du côté de la porte. (Après une chasse ou deux, l'animal se rend généralement compte que la charrette est un lieu de refuge et saute dedans de bonne volonté, dès qu'il la voit arriver après la chasse.)

Le travail moyen de chacun ne passait pas trois poussées par saison. L'un d'eux, qui avait fait cinq saisons sans un accident, fut tué, par erreur, d'un coup de fusil dans une grange où il s'était réfugié après une formidable poussée.

A l'équipage de Vielsalm, qui chassa pendant nombre d'années le Cerf de boîte, il y eut une Biche qui fut chassée onze fois en quatre saisons.

Les Surrey Stag hounds étaient et sont essentiellement un

équipage de la classe moyenne, entretenu presque complètement par des gens d'affaires de Londres et de Croydon, mais Monseigneur le duc de Chartres prit une large part à son entretien, chassa régulièrement et y monta sévèrement jusqu'au moment où il put rentrer en France.

Depuis 1839, la famille Rothschild entretient une meute de Cerf dans la vallée d'Aylesbury, qui est une des plus jolies contrées de chasse de l'Angleterre, car elle est presque toute en herbe, avec des barrières de champs et beaucoup d'eau à sauter. Il y a cependant des routes, et jusqu'à ses derniers moments, feu le baron Meyer, un gros poids, montrait souvent qu'avec l'assistance d'un groom vigilant, il était possible de rester très près des chiens sans sauter une seule fois.

CHAPITRE III

Deux Chasses de Lord Wolwerton[1]
Finesse de nez d'un Blood-hound de M. Olifant

Deux Chasses de Lord Wolwerton

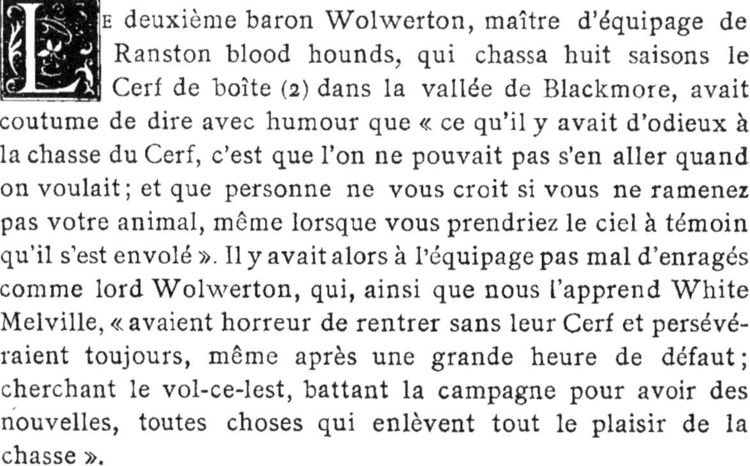

Le deuxième baron Wolwerton, maître d'équipage de Ranston blood hounds, qui chassa huit saisons le Cerf de boîte (2) dans la vallée de Blackmore, avait coutume de dire avec humour que « ce qu'il y avait d'odieux à la chasse du Cerf, c'est que l'on ne pouvait pas s'en aller quand on voulait ; et que personne ne vous croit si vous ne ramenez pas votre animal, même lorsque vous prendriez le ciel à témoin qu'il s'est envolé ». Il y avait alors à l'équipage pas mal d'enragés comme lord Wolwerton, qui, ainsi que nous l'apprend White Melville, « avaient horreur de rentrer sans leur Cerf et persévéraient toujours, même après une grande heure de défaut ; cherchant le vol-ce-lest, battant la campagne pour avoir des nouvelles, toutes choses qui enlèvent tout le plaisir de la chasse ».

Mais comme cela était rare. C'était l'envers de la médaille ;

(1) Tiré de *Hunting reminiscences*, par A. F. Serrell.

(2) *The carted deer ;* mot à mot : Le Cerf amené en carriole.

car ces nobles chiens, noirs et feu, donnaient généralement, au contraire, un sport admirable et menaient un tel train à travers pays, qu'ils laissaient souvent bien loin derrière eux de bons cavaliers, connaissant cependant la contrée à merveille et pouvant tenir leur place derrière n'importe qu'elle meute du royaume.

Lord Wolwerton forma son équipage en achetant d'abord huit couples de blood hounds au capitaine Roden de Kells, comté de Meath, qui en tenait la race de MM. Jennings, du Yorkshire, et Coven, de Blaydon burns, près de Newcastle. C'est en 1871 que lord Wolwerton fit cet achat, et quatre ans après sa meute se composait de seize couples et demi, dont dix élevés par lui. Ils avaient tous les marques distinctives des anciens chiens noirs de Saint-Hubert, dont ils étaient les descendants directs. On n'est pas bien fixé si cette race était déjà connue en Angleterre avant la conquête normande, mais, en tout cas, on les y voyait déjà à la fin du XIe siècle.

Ils servaient alors généralement à rechercher les animaux blessés, et, leur emploi se généralisant dans beaucoup de propriétés, on en arriva à faire venir de France des meutes entières, dont la race semble s'être conservée à peu près pure jusqu'à nos jours.

C'est de ce métier de chercheur de gibier blessé, laissant derrière lui des rougeurs (1), que vient le nom de Blood hound, chien de sang, qu'on leur a donné.

Le chien de Saint-Hubert vient de l'abbaye de Saint-Hubert, en Flandre, où l'on avait créé par sélection et conservé avec amour les deux races, le *noir*, dont nous venons de parler, et le *blanc*, que les Anglais appellent : TALBOT.

Les vieilles légendes racontent qu'au moyen âge l'abbaye était un centre de pèlerinages pour les gens hydrophobes (2),

(1) Laisser des rougeurs, se dit des gouttes de sang que sème dans ses fuites l'animal blessé.

(2) Hydrophobes — enragés, c'est-à-dire mordus par des chiens, loups, chats, etc., enragés.

qui venaient de fort loin prier saint Hubert de les guérir. Tous les ans l'abbé envoyait au roy de France trois couples de chiens, et cette coutume a duré jusqu'à la fin du XVIIIe siècle.

M. le comte Le Couteulx de Canteleu est un grand admirateur de cette race; il en a possédé plus de 300, et c'est de lui que nous tenons ces détails de leur histoire.

Dans les temps anciens, ces chiens étaient employés aux Ardennes à chasser le loup et le sanglier, qui foisonnaient dans les immenses forêts de ce pays.

En Angleterre, on peut encore trouver de leurs descendants; mais au cours des siècles ils ont été croisés avec d'autres races et ont ainsi perdu quelques-uns de leurs signes distinctifs. Ils sont devenus légers et vites, par conséquent, comme dit le comte Le Couteulx, exactement le contraire de ce qu'ils étaient du temps du roi Charles IX. Ce monarque, qui aimait à galoper en débuché, faisait aux Blood hounds de son temps le reproche « d'être plus propres à amuser les goutteux que ceux qui voulaient prendre leur Cerf à cors et à cris ».

Nos Blood hounds actuels peuvent aller grand train; et les 45 meilleures minutes de chasse que j'ai peut-être eues de ma vie dans cette vallée, je les dois à la meute de lord Wolwerton. Il avait près de 70 ans, quand nous nous réunîmes à Hayes, le 8 avril, pour faire cette chasse mémorable.

Dans le récit qui va suivre, il y a beaucoup d'épisodes dûs à la plume de Lady Théodora Grosvenor, qui a bien voulu me communiquer la partie de son journal relative à cette chasse.

Le rendez-vous était à midi, et lord Wolwerton, suivi de ses chiens, ne se fit pas attendre. Il faisait un délicieux temps de printemps, et les superbes tenues du Master et des hommes de l'équipage parurent sous leur plus bel aspect.

Ils portaient une jaquette verte avec des boutons dorés portant une couronne et la lettre W.

Les dames avaient une amazone de même couleur avec les mêmes boutons.

Les chiens étaient magnifiques, tous de 27 à 28 pouces, et,

comme le disait le major White Melville, qui sortait souvent avec eux, « leurs membres et leurs charpentes étaient proportionnés à cette énorme stature, et, grâce aux soins du Master et à la sélection, leurs pieds étaient ronds (cat's paw) et leurs jambes de devant immuablement droites ». Ce n'était pas un petit éloge de la part d'un tel juge, et les chiens le méritaient bien. Actuellement, nous pouvons nous les figurer par le tableau ci-dessous de M. Goddard, où il les représente « au galop comme un tourbillon », forçant les chevaux et les cavaliers

à s'étendre pour rester avec eux. C'était un spectacle curieux que de voir ces grands chiens s'allonger, faisant résonner les notes graves de leurs gorges, qui s'en allaient par ondes sonores à travers la lande.

On avait amené un de nos meilleurs Cerfs, appelé Lady Wolwerton, et nous attendions à quelque distance en arrière de la ferme de Rossiter qu'on lui eut donné la liberté.

Parmi les cavaliers, en dehors du Master et du major White Melville, on pouvait remarquer : Lady Théodora Grosvenor, le capitaine Paget et l'honorable capitaine Alfred Byng (tous deux du 7e hussards), le major Ness, Mr. Digby Collins, H. Harris, qui servait de pilote à Lady Théodora, etc., et une nombreuse assistance de fermiers et de gens du pays.

Les chiens furent amenés et nous les suivîmes doucement jusques à la carriole du cerf, où le plaisir commença.

Lady Théodora montait ce jour-là son cheval *Mars*, et j'étais sur *Comtesse*. Dès le départ nous eûmes à prendre notre meilleur galop à travers deux ou trois champs, dans la direction de la route de Marnull. Tout à coup les chiens firent un crochet sur la droite, nous nous trouvâmes à six seulement, face à un énorme double, que presque tous les chevaux refusèrent.

Comtesse, heureusement pour moi, n'imita pas cet exemple, et Lady Théodora, major Ness, Mr. Digby Collins, H. et E. Harris, ayant pu tourner l'obstacle, nous nous précipitâmes de nouveau derrière les chiens et courûmes par-dessus une des lignes les plus raides (1) de la vallée.

Mais nous n'avions ni le temps de regarder les énormes obstacles qui se présentaient, ni de choisir une place pour sauter; il nous fallait charger, si nous ne voulions pas perdre la fortune qui nous était échue, car le Master avait été jeté en dehors de la direction par ce rapide crochet qu'avaient fait les chiens auprès de la ferme d'Andrew, et nous savions que toutes les bonnes choses de la journée étaient pour nous tout seuls (2).

Près des marais de Margaret, les chiens firent un nouveau crochet sur la droite, et repartirent après un instant de balancé. Nous avions sauté sur la route, mais la meute ayant repris sa voie à travers champs, nous ressautâmes dans une tranchée où le major Ness prit une bonne tape (heureusement sans se faire

(1) Raides pour difficiles. On dit aussi dures.

(2) Cette réflexion est bien humaine. [Note du traducteur.]

de mal). Après cela les obstacles devinrent épais et rapprochés, les chevaux volaient par-dessus derrière les chiens qui couraient sans dire un mot, avec, à une vingtaine de mètres devant eux à peine, le Cerf qu'ils avaient pris à vue au moment où nous étions arrivés sur la route. Nous nous attendions à chaque instant à les voir le porter bas, mais il sut conserver sa distance et la chasse continua.

Nous franchîmes la route de Todber à Marnull, puis encore des champs et des obstacles, et, laissant les couverts de Nash à notre gauche, nous descendîmes vers New Bridge, à la place où nous avions l'habitude de passer la rivière à gué.

Ici le train se ralentit, et je passe la parole à Lady Théodora qui eut, avec son pilote, la bonne fortune d'arriver à l'eau au moment où les chiens et le Cerf apparaissaient sur l'autre bord, ce qui leur permit de galoper pendant un certain temps parallèlement à eux, la rivière seule les en séparant.

« En voyant les barrières blanches, dit-elle, nous cou-
« rûmes au gué, et Harris s'y élança en me disant : « Attendez,
« s'il vous plaît, que j'ai passé », ce que je fis avec une grande
« impatience.

« Mais au moment où il arrivait sur l'autre bord, son
« cheval tomba dans un marais fangeux. Harris sauta à terre et
« n'eut pas de mal, mais me supplia de ne pas prendre le même
« chemin. Pendant que j'hésitais, voilà M. Digby Collins qui
« arrive avec un cheval rendu ; il s'embarque droit à l'endroit
« fatal et s'embourbe comme Harris, mais plus profondément
« encore. Désespérée, je m'en retournai alors, et ayant ren-
« contré E. Harris, je le priai de me piloter. Le Cerf galopait
« alors directement en face de moi, mais le cheval de E. Harris
« était tellement fini (1) que je fus obligée de mettre Mars au
« trot pour pouvoir rester avec lui.

« Quand nous eûmes sauté trois obstacles de plus, passé la
« route de Fivehead, et pris la direction des couverts de Five-

(1) So pumped.

« head, tout à coup, le cheval d'E. Harris s'arrêta net et refusa « d'avancer.

« Je n'eus pas le courage de continuer seule et retournai à « la grande route où je retrouvai H. Harris, qui me ramena à « la queue des chiens. »

A Five Bridges (1), Lady Théodora d'un côté et moi de l'autre, nous arrivâmes sur la meute, qui était en défaut. Boreham, le huntsman, qui venait d'arriver, lui fit faire un retour, mais sans succès, et à Nylad, lord Wolverton nous rejoignit enfin.

Il avait galopé à tour de bras sur la route toute la journée, pour tâcher de trouver ses chiens, accompagné des deux hussards et du capitaine Brown ; quant au Major White Melville et à M. Walter Grove, ordinairement si bons sportsmen, oncques ne les revit ce jour-là.

Le Master retourna avec ses chiens à Five Bridges pour tâcher de retrouver son Cerf.

Ayant entendu dire qu'on l'avait vu à Kington Magna, il s'acharna, sans succès du reste, à chercher sa voie de ce côté, et, pour la première fois de sa surprenante carrière, la Biche *Lady Wolwerton* fut perdue sans laisser de traces. A la fin, le Master resta presque seul. Il retourna encore une fois à Kington et retrouva enfin son Cerf à quatre heures trente. Il eut encore un run de quarante minutes avant de le prendre dans une maison isolée, près de Wincanton.

Neuf heures sonnaient quand lord Wolwerton rentra chez lui ce soir-là.

Voici encore le récit d'une chasse curieuse :

Le 7 mars 1874, le rendez-vous de lord Wolwerton était à Five head Magdalen, car il avait décidé de rechercher une Biche (hind) que l'on voyait depuis quelques jours paître avec les vaches de la ferme de Loder, à Buckhorn Weston.

Cette Biche avait fait la semaine précédente un parcours

(1) Les 5 Ponts (nom de pays).

superbe de quarante minutes à plein train ; mais, partie de Mouston, on la perdit à la chute du jour tout près de Rodgrove.

La meute et le champ, composé de près de cent personnes, furent enfermés dans une cour pendant vingt minutes au moins, mais alors nous partîmes à travers les tranchées ouvertes entre les champs et les obstacles fixes, nous dirigeant vers Rodgrove. De là, nous allâmes à Shanks, et après un temps de galop sur la route, nous eûmes un court défaut vers Langham.

Les chiens reprirent la voie presque immédiatement ; après avoir traversé un champ labouré, ils descendirent au South Western Railway et, passant sous une arche, ils firent un cercle du côté d'Escliffe Mill, ce qui les amena à la rivière. Ils passèrent avec les cavaliers à un gué étroit et profond et partirent tout droit vers Stour Provost. La meute franchit la route de Todber et, laissant à sa droite les couverts de Nask, elle redescendit encore à la rivière.

Pendant quelque temps elle courut sur la berge jusque vers City Mill, où elle passa l'eau sur un pont de planches assez étroit pour que les cavaliers ne pussent s'y engager que l'un derrière l'autre. A Penbridge il fallut franchir le Somerset and Dorset Railway, et, à partir de ce moment, le train se ralentit beaucoup.

Les chiens n'abandonnèrent jamais leur voie. Ils ne sautaient plus que lentement les énormes doubles (1) qui se présentaient sur leur chemin et se récriaient d'une voix sourde et courroucée. Près de Bagber, nous arrivâmes à un affluent de la rivière Develish, que des gens du pays appellent Blackwater. La Biche s'y trouvait, mais avant que les chiens ne fussent entrés dans l'eau, elle en était déjà sortie, et le champ, réduit à dix-sept personnes, repartit derrière elle par Bagber Brickfields vers Haydon Common et Stock Wake. C'est là que fut prise

(1) Doubles pour obstacles doubles, c'est-à-dire un fossé précédent ou suivant une haie, un talus ou une barrière.

cette galante Biche, après un parcours de deux heures et demie, dont la plus grande partie avait été faite au train de course.

Lady Théodora Grosvenor et M. Clay Ker Seymer furent tout le temps avec les chiens, et de tout le champ il n'y avait à la prise que M. Merthur Guest, M. Clay Ker Seymer et l'un des Wippers in (valets de chiens).

Il y eut pas mal de casse pendant le parcours ; le bruit même courut que l'on avait été obligé de couper un arbre pour dégager sir Walter Grove d'une étrange situation, dont il a été donné plus tard un grand nombre d'explications.

Finesse de nez d'un Blood-hound de M. Olifant

A l'heure actuelle, le Blood-hound est employé à une chasse très particulière : c'est la chasse à l'homme ; non pas la chasse au nègre marron, popularisée chez nous par *La Case de l'oncle Tom*, ni même celle que devrait faire la police aux apaches de nos boulevards, mais la chasse au simple citoyen vêtu comme vous et moi, qui part avec un peu d'avance, et dont ces chiens débrouillent la piste à merveille.

L'un de ces équipages appartient à M. et Mme Olifant de Chastley's Castle. Il a été l'objet d'un article sensationnel paru dans le journal *Illustrated Kennel News*, du 3 décembre 1905.

En voici le résumé :

« Une jeune fille du village de Gatehouse, en Ecosse, avait été grondée par ses parents pour avoir manqué un examen. Très affectée, elle fondit en larmes et quitta la maison le lundi soir vers quatre heures. Comme elle n'était pas rentrée à sept heures pour le souper, ses parents affolés se mirent à sa recherche, et battirent la campagne environnante pendant deux jours sans succès. Quelqu'un leur suggéra alors de faire appel à M. Olifant. Celui-ci se mit de suite en route avec sa chienne Chatley Bonny Bell, mais, par suite de la distance, il ne put arriver à Gatehouse que le jeudi matin à cinq heures. La voie était donc *froide* et de *hautes erres*. Néanmoins il résolut d'essayer.

« La chienne flaira longuement des vêtements ayant appartenu à la disparue et commença son travail d'exploration, encouragée par son maître. Elle sortit sur le chemin, s'arrêta d'abord auprès d'un lavoir où la jeune fille avait été vue pour la dernière fois parlant à une amie, puis se dirigea à travers champ vers la rivière qui coule non loin de là. Au bord, elle eut une hésitation, mais, au bout d'un instant, elle repartit et remonta le cours de la rivière pendant environ deux milles, puis la quitta brusquement pour se diriger vers la grande route où elle tomba en défaut. Après bien des tours et des détours, elle eut de nouveau connaissance de la voie ; de l'autre côté de la route, cette piste s'en allait à travers champs jusqu'au pied du mur d'une propriété inhabitée pour le moment. Elle suivit ce mur jusqu'à un endroit dégradé, passa par-dessus, descendit dans le parc et arriva au bord d'un étang placé au milieu de la propriété. Là elle s'arrêta et ne put rien trouver plus loin.

« On fit alors des fouilles dans la pièce d'eau avec des gaffes et l'on y retrouva le corps de la malheureuse jeune fille qui s'était suicidée de désespoir.

« Quelle finesse de nez et quel merveilleux instinct. »

CHAPITRE IV

En France

Chasses de Daims du Prince Napoléon et du Comte de Bari

E prince Napoléon, nous dit A. de La Rue dans son livre *Les Chasses du Second Empire*, était très entiché de la manière de chasser d'Angleterre et ne se préoccupait ni du roy Modus, ni de la reine Ratio, et encore moins de du Fouilloux. Après avoir été lui-même chercher tous les renseignements dans la Grande-Bretagne, où, sauf pour les renards, on ne chasse guère que le Cerf d'escape, le baron de Pussin, son écuyer, installa à Meudon un parquet d'une vingtaine d'hectares, attenant à la forêt, dans laquelle on entretenait un nombre de Daims suffisant pour alimenter les chasses de toute la saison.

Les jours de laisser-courre (généralement le dimanche, car le prince était par essence frondeur et anti-clérical), on prenait l'un de ces Daims et on le transportait dans un caisson au lieu du rendez-vous. Là on le lâchait en lui laissant une certaine avance avant de lui donner les chiens.

Quelquefois il arrivait à l'animal de meute de se prolonger et tant, et tant, qu'on ne le revoyait plus ; mais le plus souvent il se laissait presque rejoindre par les chiens, avant de se décider à prendre un parti.

Ces chasses duraient rarement moins d'une demi-heure et très rarement plus de deux heures. En définitif, le prince avait pris un bienfaisant exercice, en compagnie de personnes agréables, le but était atteint : la vénerie de Meudon n'en visait pas d'autres.

Plus tard, S. A. R. Monseigneur le comte de Bari, frère du roi Ferdinand de Naples, exilé comme lui après la chute de la dynastie des Deux-Siciles, eut la même pensée que le prince Napoléon. Il adorait le cheval et avait toujours des hunters superbes au château de La Marche, près de Paris, qu'il avait loué.

Il fit venir d'Angleterre des chiens et des Cerfs d'escape. Mais ces animaux s'en allaient souvent se faire prendre dans les jardins maraîchers du voisinage, d'où un grand nombre de cloches à melons cassées, dégâts importants à payer et accidents nombreux aux chiens et aux chevaux.

Nous avons relaté dans un précédent ouvrage (1) la dernière chasse à courre de ce pauvre prince : Elle eut lieu à Compiègne, sur un Daim, sauvage celui là, le 25 avril 1903.

Il s'était beaucoup amusé et avait promis de revenir, mais, hélas, nous ne devions plus le revoir, car quelques mois après il était emporté par la mort.

(1) *Essai sur la Chasse du Daim*, par THYA HILLAUD.

CHAPITRE V

Chasses au Cerf en Béarn

Les Terrains de Chasse des Environs de Pau

La lande formée de touyas, dont le sol moelleux se prête aux excitations, sans crainte pour les jambes des chevaux, entoure Pau d'un idéal terrain de chasse, pour les cavaliers qui aiment à galoper bon train sur des obstacles sérieux et variés.

En Bretagne seulement, entre Dinan et Pontivy, on peut trouver l'équivalent de ces obstacles. Ce sont des talus, clôtures traditionnelles de tous les héritages (1), d'une variété inépuisable avec l'apparence d'être toujours le même. Pour faciliter l'écoulement des eaux, de multiples rigoles se croisent dans les champs, tous petits en général, et vont rejoindre les fossés qui sont aux pieds des talus.

Ceux-ci paraissent très impressionnants à première vue, surtout lorsqu'ils sont couronnés d'arbres destinés à maintenir la terre. On ne voit jamais ce qu'il y a derrière, et cette incertitude devient bien vite un charme de plus. Outre les fossés placés tantôt devant tantôt derrière les talus, et souvent même des deux côtés, ce qui fait appeler ces obstacles des *doubles*, il

(1) Héritage pour champ, mot français de terroir.

y a aussi les tombeaux. Ce sont d'anciens chemins d'exploitation abandonnés, ravinés, qui servent d'écoulement aux eaux de la lande, et il y en a pas mal, surtout du côté d'Auriac. Ces chemins sont bordés d'un talus de chaque côté et forment des tranchées de 2 ou 3 mètres de largeur sur autant de profondeur, précédées et suivies d'un fossé et d'un talus ordinaire. Il faut avoir le cœur bien attaché pour les aborder la première fois sans fermer les yeux. Les passages de route avec *contre-bas* souvent très élevés, où le cheval se reçoit sur des cailloux roulants pour repartir de suite sur un *contre-haut*, sont également très impressionnants. Il y a aussi de belles *barrières*, de bonnes *rivières*, généralement précédées et suivies de rigoles et de haies avec fossés devant ou derrière.

En résumé, suivant l'expression favorite de sir Asshleton Smith, il faut souvent à Pau « jeter son cœur par-dessus l'obstacle, si l'on veut que le cheval passe ».

Dans certains endroits on trouve aussi des ravins plus ou moins boisés, au fond desquels coulent des gaves, en général trop larges pour être sautés, mais dont les abords sont très marécageux et les berges abruptes, souvent même minées en dessous par les eaux. On s'engoufre donc dans une descente rapide, comme un toit de maison, par des sentiers à peine bons pour des chèvres. En bas, il faut choisir sa place pour sauter dans l'eau, et souvent on a pas mal de route à faire avant de trouver une sortie. Il y a généralement alors une terrible côte à gravir, au haut de laquelle se trouve toujours un obstacle.

Nous sommes fous de demander de pareils efforts à nos chevaux ; ou bien, d'autres le sont, qui n'osent pas trotter hors du chemin plat, et passent au pas, lorsque du sable ils arrivent sur un cailloutis.

Comme M. Donatien Levesque, je suis tenté de m'écrier : « Mon Dieu, pardonnez aux uns *ou* aux autres, car décidément les uns *ou* les autres ne savent pas ce qu'ils font ».

A Pau, tous les ans, vers le 25 mars au plus tard, la chasse au renard doit cesser faute de combattants, c'est-à-dire d'animaux

Les vieux chasseurs du pays attribuent ce fait à ce que les renardes, mettant bas vers cette époque, chassent les mâles des terriers, et ceux-ci, devenus errants, sont pour ainsi dire inattaquables dans un pays aussi couvert que le Béarn. Le maître d'équipage en est donc réduit à faire courir seulement des *Drags*.

Certes, le drag est un sport passionnant ; il supprime même le simulacre de la recherche de l'animal de chasse, permet de diriger les cavaliers sur une ligne repérée d'avance et, par conséquent, les amène sur les plus beaux obstacles, à travers le meilleur terrain, le tout avec un minimum de dégâts, ce qui est à considérer.

Mais il exige de ces mêmes cavaliers un train assez rapide et les force à avoir des chevaux appuyés sur la main, ce qui les rend généralement ensuite odieux à la chasse.

Un grand nombre de personnes, à qui leur âge ou leur poids ne permettent plus ces allures précipitées, n'aiment pas beaucoup le drag, où ils se trouvent finir forcément trop loin du peloton de tête.

Panneautage en Forêt de Compiègne et Voyage des Animaux

On m'avait écrit de Compiègne, que l'Administration des Eaux et Forêts avait décidé de faire des panneautages de Cerfs et de Biches vivants au commencement du mois de mars 1907.

M'en étant ouvert à M. H. Ridgway, le maître d'équipage du *Pau Hunt*, je reçus comme toujours le meilleur accueil de cet excellent sportsman ; et il fût décidé que nous demanderions quelques animaux pour faire un essai de chasse au Cerf.

La livraison ne put être faite à l'époque convenue, car,

par une gracieuseté de l'Administration, nous fûmes servis les derniers, ceci afin de nous permettre de renvoyer les caissons par petite vitesse. (Il y avait 900 kilomètres de parcours et les frais par grande vitesse eussent été au moins quadruple de ce qu'ils le furent ainsi.)

L'expérience à été de tous points pleine d'intérêt.

Les animaux, au nombre de huit, furent panneautés dans les tailles de Berne, le samedi 30 mars, dans l'après-midi, transportés à la gare de Compiègne, chacun dans un caisson, et placés tous ensemble dans un wagon de marchandises (vulgairement appelé vachère), que l'on scella. Un garde de l'Etat en tenue les accompagna jusqu'à Juvisy (ligne d'Orléans), afin de leur éviter les retards souvent causés par les nombreux embranchements de la grande et de la petite ceinture. De là, ils passèrent à Tours, puis à Bordeaux, et enfin à Pau, où ils arrivèrent le mardi 2 avril, à 9 heures du matin, après 65 heures de route, sans boire ni manger, par une température très chaude pour la saison.

L'inquiétude de M. Peiffer, inspecteur à Compiègne, qui fit preuve dans cette circonstance d'une amabilité et d'une bonne grâce parfaites, était très grande. Il m'écrivit au moment de leur départ qu'il craignait de les voir tous mourir en route. A Pau, nous étions nous-mêmes très nerveux. Mais, à notre grande surprise, aussitôt sorties des caissons, les Biches se mirent à manger avec appétit, sauf une qui fut trouvée morte avec le cou cassé (elle s'était beaucoup débattue, comme en témoignaient les nombreuses traces de coups de pied qu'elle avait lancés contre les parois). Les sept autres, à part quelques poils enlevés, ne paraissaient même pas trop raides.

Construction scientifique d'un Paddock

Il me faut tout d'abord parler des préparatifs que nous avions faits pour les recevoir. Il s'agissait de leur construire un enclos où ils fussent tranquilles et pussent se reposer et manger, mais aussi suffisamment vaste pour qu'il y eut moyen de leur donner l'exercice nécessaire à leur maintien en condition.

Tous les documents relatifs à cet enclos m'ont été fournis par M. Della-Torre, ancien maître de l'équipage de Gallarate, près de Milan (Italie), qui chasse uniquement le Cerf de boîte.

Nous avions donc fait faire un paddock en planches, de 40 mètres de long, sur environ 10 mètres de large (par le fait la largeur s'est trouvée être de 12 mètres) (1).

Les murs ont 3 m. 50 de hauteur, surmontés d'un bas volet incliné à 45 degrés, fait d'une gironde de 1 m. 50 (2). Dans un des angles, un appentis, couvert en carton bitumé, recouvre un râtelier et une auge en bois. Deux baquets d'écurie, toujours pleins d'eau et enfoncés en terre de moitié, complètent ce mobilier succint.

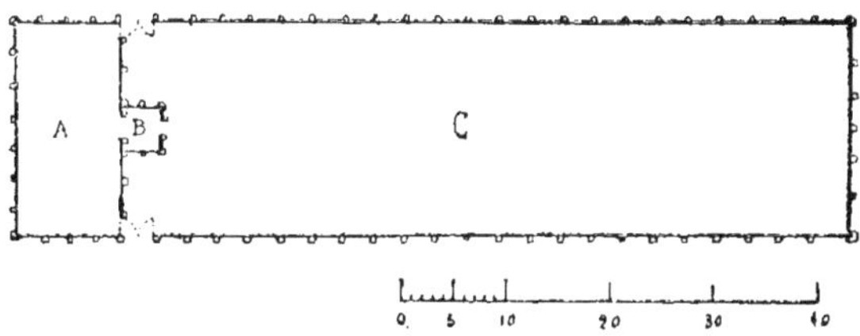

Voici le plan et les dimensions du paddock de Gallarate. Le pâlis ou paddock doit être quatre fois plus long que large.

(1) A Gallarate, ils comptent 25 animaux, tandis que nous en avions pas même le tiers.

(2) La gironde est cette clôture en échalas qui se place en général le long des lignes de chemin de fer.

Dans l'espèce, il a 80 mètres sur 20. Il est construit en planches jointes, peintes en noir à l'intérieur. On y place vers les trois quarts de la longueur un hangar couvert, avec deux portes de 2 mètres de large se faisant face. Le reste est fermé et il s'y trouve des râteliers pour donner à manger aux animaux.

Ce hangar est prolongé par 2 cloisons qui ne laissent qu'un passage de 2 mètres entre leurs extrémités et le mur extérieur. Ces passages peuvent, le cas échéant, être fermés par les battants des portes doubles de la clôture.

Les animaux sont nourris d'avoine, de carottes, de féverolles et de foin. Ils sont exercés tous les jours à courir au trot autour du paddock, devant un ou deux fox-terriers ; des hommes armés de fouets les font changer de mains de temps en temps. Une demi-heure d'exercice en deux fois suffit, et au bout de quinze jours à trois semaines ils sont très suffisamment entraînés.

Lorsque l'on veut chasser un de ces animaux, on les pousse avec quelques hommes dans la petite partie derrière le hangar. On rabat les portes qui ferment les passages, et un homme placé devant l'entrée du hangar les empêche de rentrer.

On tend alors un panneau (grand filet maintenu tendu par deux fourches placées vers l'intérieur) à la sortie de la cabane. L'homme qui est devant l'autre entrée démasque alors la porte, de façon à ne laisser entrer dans la cabane que l'un des animaux. Celui-ci voyant le jour de l'autre côté, saute dans le panneau. On s'en empare, on le met dans un caisson, et de là dans la voiture qui le mène au rendez-vous.

Nourriture et Entraînement

Leur nourriture se composait d'herbe fraîche que l'on répandait sur le sol du paddock, d'un peu de foin, de betteraves et d'avoine, dont ils sont très friands.

On leur apportait le tout deux fois par jour, le matin et le soir, et chaque fois ils faisaient un exercice au trot d'environ un quart d'heure, soit une demi-heure en tout par jour.

Ce fut tout à fait suffisant comme entraînement, car si la première Biche n'a tenu que trente-cinq minutes devant les chiens, les autres ont toutes marché beaucoup plus longtemps ; la dernière même n'a été prise qu'au bout de deux heures un quart.

Il est vrai que le temps était très chaud ce jour-là et la voie détestable.

Mise en Caisson et Transport sur le Terrain de Chasse (1)

Il s'agissait maintenant de reprendre un de ces animaux, qui sont en liberté dans le paddock, de le mettre dans son caisson et de le transporter jusqu'au rendez-vous, sans l'abîmer lui-même et sans trop effaroucher les autres.

(1) Caisses en bois faites en vue de transporter des animaux pris au panneautage.

Voici comment elles sont faites : hauteur, 1 m. 80 ; longueur, 2 mètres, et largeur, 0 m. 50.

A chacun des petits côtés, il y a une trappe se mouvant de bas en haut.

L'animal introduit par un bout ne peut s'y retourner, et sort par l'autre côté. Des trous d'aérage sont percés de distance en distance autour de la boîte. Quatre trous longs placés par paires au tiers inférieur servent de poignées aux porteurs.

Il est avantageux, pour mouvoir ces boîtes, de les placer dans un de ces chars à deux roues construits très près de terre, et qui servent au transport des bestiaux malades.

En Angleterre, la voiture elle-même sert de boîte.

On avait fait faire deux cadres en bois de 1 m. 50, entourant un léger grillage en fil de fer.

On tendit sur le devant un paillasson de serre; et il y avait par derrière une traverse, qui permettait à un homme de manœuvrer l'appareil comme un bouclier (1).

Deux hommes, ainsi abrités, poussent tout doucement la harde dans un angle, sans trop la resserrer.

Un autre homme vient par derrière; il a dans la main une fourche d'écurie, d'où pend un nœud coulant (maintenu ouvert par les branches de la fourche) terminant une corde de 4 m. 50 de long au bout de laquelle est fixé un bâton placé en travers.

En arrivant à portée, l'homme à la fourche passe son nœud coulant autour du cou de l'un des animaux.

A un signe de lui, l'homme de gauche lâche son bouclier, la harde se sauve profitant de la trouée, sauf, bien entendu, celui qui a le lacet au cou.

En une seconde on lui saute aux oreilles, un homme de chaque côté; on lui passe dans la mâchoire inférieure une cordelette formant aussi nœud coulant, deux autres servants lui prennent les jambes de derrière au-dessus des jarrets avec des cordes, et on le conduit ainsi sans aucune peine jusqu'au caisson qui, d'avance, a été introduit dans le paddock.

Avec un peu de pratique, rien n'est plus facile à faire. (Nous nous étions exercés, avant l'arrivée de nos Biches, sur des ânes et sur des moutons.)

Il est seulement essentiel que l'animal n'ait pas de bois (cornes) sur la tête, sans quoi l'opération du nœud coulant devient beaucoup plus difficile.

(1) Lorsqu'un Cerf chassé entre dans une petite cour, ou même dans une maison, il est toujours facile de l'en faire sortir en poussant devant soi une claie à moutons ou un grand fagot, avec lequel on avance doucement sur l'animal de meute, qui fuit devant cet obstacle nouveau et se trouve dehors presque sans s'en être rendu compte.

Il est bien entendu qu'il faut d'abord avoir fait retirer les chiens et l'assistance pour lui laisser la route libre.

[Tiré du livre du vicomte H. de Chézelles : *Vieille Vénérie*.]

Faire bien attention à ne pas tirer la tête en arrière, ce qui pourrait casser la colonne vertébrale; mais à l'aide de la petite ficelle, lui tenir la tête baissée. (C'est ainsi que les veneurs anglais servent les Cerfs à l'hallali. Lorsque le Cerf est aux abois, deux hommes s'approchent de lui par derrière. Ils prennent chacun un côté de ses bois (cornes) et les lui enfoncent sur les épaules, la tête en arrière. Il est ainsi réduit à l'impuissance, et il ne reste plus qu'à lui donner le coup de grâce en lui ouvrant la gorge avec un petit couteau de poche.)

Voici donc l'animal de meute détourné et déhardé, si je puis me servir de ces termes de vénérie; il s'agit maintenant de le chasser.

De la Chasse

Ingénieuse Idée du Master of Hounds

Les chiens de l'Équipage de Pau sont des fox-hounds merveilleusement bien mis, et nous avions très peur que cet excellent dressage ne leur devint funeste, c'est-à-dire qu'ils ne voulussent, sous aucun prétexte, chasser un Cerf, le prenant pour un bœuf domestique. C'est alors que le Master eut une idée de génie.

Pour que la traînée du drag ait une odeur persistante, on jette sur les éléments qui la compose quelques gouttes d'anis (Ça sent tout à fait comme le renard, nous dit le Huntsman.)

Ainsi fit-on. Avant de lâcher le premier animal, on avait versé, sur ses jarrets, un peu de cette bienfaisante liqueur, et on avait ajouté aux chiens de meute désignés d'avance un couple des plus lents chiens du drag.

Ceux-ci empaumèrent la voie sans l'ombre d'une hésitation, et les autres les suivirent, n'y comprenant rien d'abord ; mais après un rapproché d'un quart d'heure, l'animal de meute s'étant laissé voir au bout d'un champ, les chiens le prirent à vue, en se récriant du plus haut, jusqu'au moment où ils le portèrent bas dans un ruisseau près d'un moulin.

(Il fut impossible de sauver celui-là car il s'était cassé je crois un peu les reins en voulant sauter la vanne.)

Dans la suite, nous réussîmes à en sauver d'une façon que je vais vous dire maintenant.

Au moment où l'animal tient devant les chiens, il est assez facile en se mettant à deux, un de chaque côté, de lui passer autour du cou un fouet dont on tient le petit bout de la mèche dans la même main que le manche (1).

Un homme saute de suite à chaque oreille ; on passe dans la mâchoire inférieure de l'animal la cordelette dont j'ai parlé plus haut ; pendant ce temps l'un des whips, muni de son étrivière de rechange et de celle de son camarade, s'approche par derrière et passe chacune desdites autour et au-dessus des jarrets de l'animal.

On attend ainsi l'arrivée de la voiture sans qu'il se défende le moins du monde, car il est en général très essoufflé.

Il est indispensable pour éviter la congestion et la fourbure de le saigner de suite, soit à l'oreille, soit dans le haut du palais (2).

Faire aussi très attention de tenir les jambes de derrière serrées l'une contre l'autre, car rien n'est plus fragile que les hanches des Cerfs.

De l'Avance qu'il convient de donner à l'Animal de Meute

Voici encore un sujet très controversé. Chacun a son système qu'il préconise.

En Angleterre, à l'équipage de lord Rothschild, le Cerf au

(1) C'est ainsi que l'on procédait il y a quelques années à l'équipage de Vieil-Salm ; et c'est à M. Ludovic de Sinçay que nous avons dû cet excellent conseil.

(2) Il est une autre cérémonie bien connue des huntsmen anglais, destinée aussi à empêcher la congestion. Elle consiste à faire le geste de mettre du gingembre sous la queue de l'animal.

sortir du caisson est accompagné de deux hommes en rouge qui à coups de fouets s'efforcent de le diriger dans la direction que l'on désire lui voir prendre.

Cette méthode peut avoir du bon lorsqu'on a affaire à un animal semi-privé, qui a été couru plusieurs fois déjà et qui aurait une fâcheuse tendance, comme cela est fréquent, paraît-il, aux Ward staghounds, près de Dublin, à suivre les grandes routes pendant des milles et des milles.

Dans le cas qui nous occupe, nos animaux sont sauvages, repris dans une forêt non close de murs. Il n'y a pas besoin de les encourager à marcher, car leur unique désir est de fuir les hommes et de chercher à se *couvrir la tête* (1).

Pour le faire sortir, il suffit d'ouvrir la trappe du côté ou l'animal est tourné, en ayant soin de laisser complètement libre l'espace qui se trouve en avant. S'il s'attarde dans le caisson, on peut le soulever un peu par derrière, mais, en général, aussitôt la trappe levée, il se précipite dehors. Après quelques centaines de mètres, il ralentit peu à peu son allure, s'arrête et se retourne, pour voir ce qui se passe derrière lui.

S'il ne sent pas le danger immédiat, il se vide d'abord (2), puis repart sans se presser, suivant, en général, le fil du vent et cherchant un endroit pour se mettre à couvert.

Il faut attendre que l'animal de meute ait complètement disparu à l'horizon avant de mettre les chiens à la voie.

Pour bien faire, il faut que ceux-ci n'en aient pas connaissance *par corps*, c'est-à-dire que la meute soit placée hors de vue de l'endroit où on a fait le lâcher.

L'avance doit être calculée sur l'état de la voie, la température, la force et la direction du vent, enfin sur toutes les circonstances atmosphériques ou climatériques, en tenant compte aussi de la manière de chasser des chiens, de leur finesse

(1) Se couvrir la tête, expression de vénerie qui veut dire se mettre sous le couvert des bois.

(2) Dans l'ancienne vénerie, il était de règle de dire qu'il ne fallait pas laisser au sanglier le temps de pisser si l'on voulait le prendre.

de nez, de la nature du sol des terrains de chasse, etc. En principe, je ne pense pas qu'il soit possible de donner moins de dix minutes et plus de trente minutes d'avance. Au delà de ce temps, si l'animal ne se sent pas poursuivi, il peut s'arrêter, faire des crochets, battre les routes, se mettre sur le ventre, ou, s'il se forlonge, rencontrer des mâtins qui le poursuivent et gâtent ainsi la voie. Si vous lui donnez moins de dix minutes, les chiens n'ont pour ainsi dire pas de rapproché à faire, il est à vue tout de suite et la chasse en est très raccourcie.

CHAPITRE VI

Compte rendu des Chasses de Cerf qui eurent lieu à Pau, du 1er au 20 Avril 1907

Les animaux, arrivés le 2 avril au matin, paraissaient avoir si bien pris le dessus, malgré leurs trois jours pleins de voyage en chemin de fer, que le maître d'équipage décida d'essayer la première chasse le 4 courant.

Chasse du 4 Avril

On avait fait faire un caisson semblable à ceux de Compiègne avant de les renvoyer, et nous y mîmes une grande Biche que le break emmena à Morlaas. Le rendez-vous était à dix heures du matin.

Le lâcher eut lieu à l'entrée de la grande lande de Sedzère, à la croisée des chemins Sedzère-Ouillon.

Le temps est menaçant, vent du Nord-Nord Ouest très fort compliqué d'averses continuelles.

L'animal, à qui l'on avait versé un peu de liqueur d'anis sur les jarrets, prend tout droit son parti vers le Sud.

La meute est amenée dix minutes après ; le vieux chien de drag Treater empaume la voie immédiatement, les autres derrière lui.

La Biche, qui s'en allait tranquillement au petit trot, se laissa presque rejoindre ; mais, quand elle vit les chiens et les

chevaux après elle, elle prit le galop, s'arrêtant de temps en temps pour reprendre haleine, puis repartant de plus belle.

Les chiens criaient comme des sourds quand ils l'avaient à vue ; elle fit ainsi un beau run de vingt-cinq minutes, mais eut le malheur de se casser les reins en sautant le bief du moulin de Cazeaux, près d'Ouillon, ce qui termina la chasse.

Les chiens firent une curée des dedans, et toute la venaison fut distribuée aux gens des alentours qui parurent ravis.

On avait d'abord prélevé les deux pieds de devant et la tête dont on doit préparer le massacre pour y inscrire le compte rendu de cette intéressante première chasse.

Chasse du 6 Avril

Nous avions eu un peu de mal à prendre cette seconde Biche dans le paddock. Il y avait trop de monde, les animaux s'affolaient; enfin, grâce aux *boucliers* dont j'ai parlé plus haut, on s'empara de la plus petite et on la mit en caisse.

Vent d'Ouest ; pluie fine ; très beau temps de chasse.

Il y a cent personnes au Meet. Vacarme effroyable qui empêche d'abord l'animal de sortir de la boîte. Enfin il se décide et prend la lande le nez au vent. La Biche va d'abord vers Ouillon, puis, faisant un hourvari, revient sauter la route de Morlaas presque à l'endroit du lancer et pique d'abord sur Saint-James, puis fait un crochet vers le Nord.

Au bout de cinquante-cinq minutes d'un superbe run, la meute tombe en défaut le long du Gabas, à deux kilomètres Est de Gabaston.

Après avoir battu les deux rives du Gave en aval et en amont, les chiens finissent par relancer l'animal de meute au milieu d'un troupeau de chèvres dont il se sépare pour se jeter à l'eau.

Il était pris ; mais la rivière est large, couverte de branches entrelacées par dessus, et c'est seulement après trois quarts d'heure d'efforts et de difficultés inouïes qu'il peut être cueilli au lasso par M. W. K. Thorn, sorti de l'eau et confié à deux hommes qui le gardent en attendant l'arrivée de la voiture.

Malheureusement on oublie de le saigner, et, le séjour prolongé dans l'eau ayant augmenté la congestion, il fut impossible de le sauver (1).

(1) Pour éviter cette strangulation presque forcée lorsque l'animal est pris au lasso, du haut d'une berge escarpée, les hommes, en Angleterre, se mettent à l'eau et agissent alors comme sur terre.

REMARQUE.

Parcours superbe. Très beaux obstacles, pris en plein travers. L'animal coupe tous les chemins, mais n'en suit aucun, même pour un instant.

Chasse du 9 Avril

Rendez-vous à dix heures quarante cinq à Bel-Air, à moitié chemin de Pau à Oloron, où doivent avoir lieu des courses de chevaux après la chasse.

Vent du plein Ouest ; pluie fine ; voie très bonne (1).

L'animal de meute est lâché au milieu de la lande, à l'endroit où commence le drag en général. Il tourne d'abord dans 100 hectares de prairies coupées de haies avant de se décider à prendre un parti. Les chiens en revoient par corps souvent et le coupent, ce qui l'affole.

Déjà essoufflé, il s'accompagne d'abord avec un âne, qu'il pousse devant lui avec sa tête, puis se remet dans un grand troupeau de moutons. La meute est rappelée ; on le déharde

(1) *Le scent*, c'est la voie ou la piste : le mot anglais est plus expressif que le nôtre, car il évoque en même temps l'idée de cette traînée d'odeur, laissée par l'animal de meute, qui permet aux chiens de suivre la ligne.

Suivant lord Howth, la vitesse du chien dépend non seulement de sa qualité mais de la présence dans l'air, au niveau de sa tête, de l'odeur laissée par l'animal de meute, c'est-à-dire des *portées*. Lorsque le scent est à hauteur de leurs poitrines, les chiens vont très vite. Les têtes en l'air et l'arrière-train bas prouvent que la vitesse est à son maximum. Lorsque plusieurs chiens vont en tête sur la même ligne en se récriant, nous disons qu'ils chassent en éventail, et c'est l'indice d'une très bonne voie (good scent).

En revanche, la voie peut être détestable sans que l'on sache pourquoi. Exemple : Un jour nous chassions un Daim de boîte avec mon ami de Songeons ; le rendez-vous était à Elincourt-Sainte-Marguerite. Il faisait un brouillard affreux. Le daim est lâché sur un petit plateau appelé la montagne Jérémie. Les chiens lui sont donnés un quart d'heure après. Ils partent en se récriant et descendent la combe. Au bout de cinq minutes nous fûmes tous perdus, et n'entendîmes ni ne vîmes jamais plus rien de la journée. Les chiens eux-mêmes se perdirent et ne rentrèrent que un à un dans la nuit. Quant au Daim, on n'en entendit plus parler.

tout doucement et on le pousse vers un carré de pré, où on lui donne un quart d'heure d'avance ou plutôt de repos, ce qui lui permet de se vider.

Il repart alors, se forlonge, refait le même cercle que tout à l'heure à travers un pays de haies et de ruisseaux, puis, prenant son parti, il descend la colline face au Sud, passe à côté du hameau d'Ojeu, saute le chemin de fer et, tournant franchement la tête à l'Est, il nous fait un beau run de trois kilomètres dans des prairies et des terres à blé coupées de belles haies et de fossés. Puis il remonte vers le Nord, ressaute le chemin de fer et vient tenir les abois au coin d'un champ au milieu d'un troupeau de moutons. Déhardé, il arrive au milieu des cavaliers et s'y cantonne. Promptement lassé avec le fouet de Walter, on lui met dans la mâchoire inférieure une cordelette, et le tenant à deux, chacun par une oreille, pendant que les Whips lui passaient leurs étrivières de rechange au-dessus des jarrets, nous attendons ainsi l'arrivée de la voiture qui n'était pas loin.

(Grâce à une saignée pratiquée à son oreille gauche, j'ai bon espoir de la sauver.)

REMARQUES.

1° Cette Biche a fait une chasse tournante, passant et repassant aux mêmes places dans l'espoir que le croisement des voies dégoûterait les chiens. Elle battait au change tout le temps ; enfin elle se conduisait comme en forêt. Malheureusement, le terrain étant très découvert, ses ruses étaient de suite mises à jour. Il aurait fallu lui donner beaucoup d'avance car la voie était très bonne.

2° Un jeune chien (puppy) noir à manteau, presque sans feu, découplé pour la première fois, se fit remarquer par sa belle menée (1) et sa gorge superbe.

(1) La menée c'est le délicieux tapage que font les chiens en se récriant. Il a belle menée, le chien qui s'en va rondement et renouvelant de cris sur la voie.

Après la chasse, nous partîmes pour le champ de courses où nous nous régalâmes d'un excellent lunch servi sous une vaste tente, dont la très charmante maîtresse d'équipage, Mme Ridgway, avait bien voulu nous faire la surprise agréable.

Chasse du 13 Avril

La Biche de Bel-Air va très bien, elle est reconnaissable à son oreille gauche fendue, son action est bonne, pas trace de fourbure ni de congestion. On en reprend une autre, que la voiture conduit à Saint-Jammes, où avait lieu le rendez-vous.

Vent d'Ouest ; voie très bonne.

Lâchée à l'entrée de la lande, celle-ci prend son parti au trot. Les chiens, découplés seulement dix minutes derrière elle, boivent la voie qui est parfaite. Après trente-cinq minutes d'un run très vite, l'animal est noyé par les chiens dans la rivière, près d'Ouillon.

REMARQUE.

La voie était très bonne, et la Biche n'avait pas assez d'avance ; elle ne put ni ruser ni prendre un parti.

Les fox-hounds criaient comme ils ne le font jamais, même derrière un sanglier sur ses fins.

Chasse du 16 Avril

Le rendez-vous était au chenil. L'animal est conduit au milieu de la lande de la Madeleine et lâché face à l'Ouest. Au sortir de la boîte, il est couru quelques instants par deux mâtins. La meute sentant cette odeur étrangère empaume mollement la voie. La rivière est passée à Pomblet.

Il court d'abord parallèlement à l'eau jusqu'à Prubessé, puis il monte vers Buros, passe à l'entrée du village, tourne vers Maucor, monte la colline, rabat au vent en sortant du bois, passe à Cazaillet, coupe la route de Morlaas, passe à Brecou, traverse la rivière (Lée de France) et baise la route de Morlaas à Ouillon. Il tourne alors sur Serre, passe à côté de l'ancien signal de Pébernard et descend à la rivière du Rû de Béarn ; il arrive dans la lande hallali courant, et se fait prendre dans un ruisseau vers les maisons de Larouturou, après une heure dix d'une chasse superbe (1).

REMARQUES.

1° Les chiens ne voulaient pas d'abord goûter la voie à cause des mâtins qui les précédaient.

2° L'animal de meute a monté le coteau de Buros dans la même ligne que celle ordinairement suivie par les Renards.

3° En sautant le dernier Rû, dont la berge était en contre-haut, l'animal, déjà sur ses fins, manque le talus et retombe à la renverse dans les chiens, c'est ce qui empêcha de le sauver.

Chasse du 20 Avril

Le rendez-vous est à la gare de Saint-Jammes.

Temps superbe et frais ; beau soleil ; vent du Nord-Ouest très haut et très balayant.

La voie sera médiocre.

Ce fut le dernier run de la saison.

L'animal est lâché à 200 mètres à droite de la route de Saint-Jammes à Lambeyre. On lui donne quinze minutes d'avance. Il part d'abord vers le Nord au petit trot, passe au coin de la ferme de la Borne, face à l'Est, puis retourne au

(1) Pour empêcher les chiens de mordre et de porter bas leur animal, on a soin, en Angleterre, de leur couper les dents de devant de la mâchoire inférieure.

Nord. Il décrit un grand demi-cercle autour de Gabaston, passe à Dauphy et arrive à la rivière du Gabas poursuivi par le mâtin d'un berger, ce qui retarda les chiens.

Il passe l'eau à côté du pont de la grande route et court d'abord sur la rive opposée, en remontant le courant pendant quelques centaines de mètres. Revenant ensuite sur sa double voie, il saute la grande route, marche encore quelque temps le long de la rivière et ne se décide à monter le coteau qu'en voyant venir la meute. Le *revoir* est très mauvais, le sentier du bord de l'eau pierreux et il n'y a pas de portées. Néanmoins le vol-ce-lest se présente assez bien à l'œil et les deux chiens du War Stag Hunt d'Irlande, arrivés de la veille, maintiennent la voie malgré tout.

L'animal de meute prend son parti vers l'Est, il saute la rivière du gros Lée, passe à côté de Barradat, le bois d'Abère descend en dessous et monte le terrible coteau de Lalonguère Il traverse tout le bois du même nom, descend à la plaine, passe l'eau au moulin sur le Lée, monte à Barson (cote 331), arrive dans un pré et se fait relancer à vue sur la bordure du bois. Il descend hallali courant jusqu'à la rivière du petit Lée, où les chiens le portent bas le long de la route de Mamy à Lambeyre près du village de Beyrelongue, après deux heures d'une chasse très dure, semée de marais profonds, de coteaux accidentés mais le tout entremêlé de superbes obstacles.

Beaucoup de gens perdus ou écœurés par la longueur de la chasse.

La prise a eu lieu à 20 kilomètres de Morlaas, c'est-à-dire à 32 de Pau.

Ont fini la chasse :

Mmes Morgan, vicomtesse Werlé, sur le célèbre *Numérus* comtesse F. de Miramont, née de Lesseps, sur ma jument *Topsy*

MM. duc de Brissac, marquis de Saint-Sauveur, baron H. de Vaufreland, vicomte d'Elva, Thorn King, Keller, comte d'Astorg, de Lesparda, P. Lauregain, Gardères (de Biarritz), Gay Lussac, Ch. de Salverte.

REMARQUES.

1° La voie était très froide, le soleil chaud et le fond de l'air glacé. Le sentiment gelait au nez des chiens.

2° Les deux chiens du Ward Stag Hunt nous ont été très utiles. (C'est M. H. Jameson qui les avait fait venir.)

Composition de l'Équipage

Pour ces chasses, on avait choisi un certain nombre des chiens de renard, exactement onze couples et demi (23), auxquels on avait ajouté un couple du drag *(Pilot* et *Treater)* et les deux Irlandais pour la dernière chasse seulement.

Voici les noms de ces héros :

Gamester	*Trumpeter*	*Harlequin*	*Raglan*
Factor	*Diplomate*	*Conseleur*	*Falcon*
Crafton	*Rally Wood*	*Merry Boy*	*Vauguard*
Darber	*Hector*	*Governor*	*Helper*
Prior	*Gordon*	*Villager*	*Painter*
Glider	*Harper*	*Rutland*	

CHAPITRE VII

Liste des Équipages chassant actuellement le Cerf en Angleterre et en Irlande (1)

Angleterre

AMORY'S STAG HOUNDS. Sir John. – 26 couples. Chenil à Henleigh, Tiverton (et). Jours de chasse : mercredi et samedi.

BARNSTABLE. Masters : Cap. Erwing Paterson, Fremington, Barnstable. — 16 couples. Chenil à Sowen, Barnstable (et).

BERKAMSTED. Mr. John Rawle. — 16 couples. Chenil à Barkamsted. Jour de chasse : mercredi.

BERKS AND BUCKS FARMERS. Collet en velours noir. Master : Sir Robert Wilmot, baronnet. Binfield Grove, Bracknell Berks. — 20 couples. — *14 Daims*.

(1) Les noms précédés d'un astérisque sont ceux des meutes qui chassent le cerf sauvage.

* DEVON AND SOMERSET. Master : R.-A. Sanders esq. Court Exford, Taunton. — 50 couples. Chenil à Exford ( ). Dulverton, 12 milles. Trois ou quatre jours de chasse par semaine. — *Cerfs sauvages.*

ENFIELD CHASE. Master : C. Arnold esq. 54, Elisabeth Street, Belgravie. — 25 couples. Chenil à Hadley Green, Barnet (et). Jours de chasse : mardi, samedi et souvent le jeudi. — *20 Daims.*

ESSEX. Master : A. Jackson esq. Baddow Park, Near Chelmesford. — 15 couples et demi. Chenil à Witte, près Chelmesford. Jours de chasse : mardi et samedi. — *17 Daims.*

* Mr. GERARD'S. — 30 couples. Chenil à Appley Bridge, Lancashire. 2 jours de chasse par semaine. — *Daims sauvages.*

MID KENT. Master : Augustus Leney esq. Orpines, Watérinsbury. — 20 couples. Chenil à Watéringsbury (et). Jours de chasse : mercredi et samedi. — *25 Daims.*

* NEW FOREST DEER HOUNDS. Master : Edward Festus Kelly esq. Northerwood, Lyndhurst. — 25 couples. Chenil à Northerwood (et). — *Cerfs sauvages.*

Mr. PETER ORMROD'S, esq. Wynsdale Park Scorton, Lancashire. — 30 couples. Chenil à Scorton (et). 2 jours de chasse par semaine. — Plus de *100 Cerfs.*

OXENHOLME. Master : C. H. Wilson esq. Oxenholme. — 20 couples de blood and fox-hounds mélangés. Chenil à Eudmon. Jours de chasse : lundi et vendredi. — *20 Daims.*

Mr. QUANTOCKS. E. A. V. Stanley esq. Quantock Lodge, Bridgwater, Somerset. — 25 couples. Chenil à Storwey, Bridgwater. Jours de chasse : mardi et samedi.

LORD ROTHSCHILD'S. Trink Park, Hertz. — 30 couples. Chenil à Ascot Near Leighton Buzzard. Jours de chasse : lundi et jeudi.

Mr. RILEY SMITH'S esq. Barton Hall, Burg St-Edmunds. — 19 couples. Chenil à Nether Hall. Jours de chasse : lundi et vendredi. — *25 Daims.*

SOUTH COAST. Master : H. G. Kay esq. Hope Cottage, Patching, près de Worthing. — 15 couples de chiennes foxhounds. Chenil à Hope Cottage, Patching. Jours de chasse : mardi le lièvre, vendredi le cerf. — *7 Biches.*

SURREY. Master: Cap. M. Taggart, Wray Logde, Lingfied. — 25 couples. Chenil à Horley Lands, Horley (et). Jours de chasse : mardi, jeudi, samedi. — Environ *80 Biches, Hères et Daguets*, dont la moitié courent comme Cerfs.

WEST SURREY. Mr. Alfred J. Curnick, esq. Long Ditton House, Surrey. — 25 couples. Chenil à Chessington, Surrey (et Epsom). Jours de chasse : mercredi et samedi. — *25 Daims.*

WARNHAM. M. Henry C. Lee Steere esq. Jayes Park, Ockley, Surrey. — 24 couples. Chenil à Ockley, près Dorking. Jours de chasse : lundi et vendredi. — *22 Daims.*

Irlande

COUNTY DOWN. — Mr. Frank Barbour esq. Hilden, Lisbrom Co. Autrim. — 34 couples. Chenil à Ballynahinch. Jours de chasse : mardi, jeudi et samedi. — *52 Daims.*

ROSCOMMON. Mr. Georges Jackson esq. — 15 couples et demi. Chenil à Rookwood, Roscommon. — *15 Daims.*

TEMPLEMORE. — 16 couples. Chenil à Park Templemore. Jours de chasse : mardi et vendredi et le premier lundi de chaque mois. — *12 Cerfs.*

WARD UNION. Mr. Percy Maynard, esq. — 45 couples Chenil à Ashbourne Co. Meath, Drumree. Jours de chasse : lundi, mercredi et samedi. — *70 Daims.*

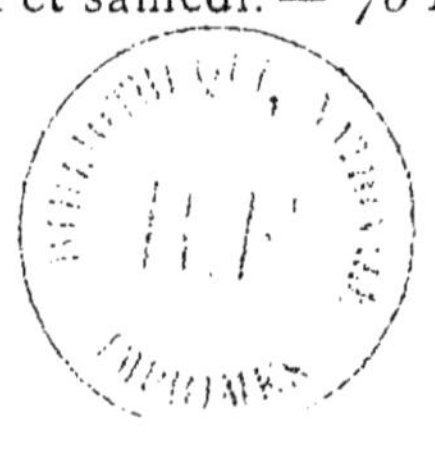

ACHEVÉ D'IMPRIMER

Le 5 Octobre 1907

SUR LES PRESSES DE PAIRAULT ET Cie

A PARIS

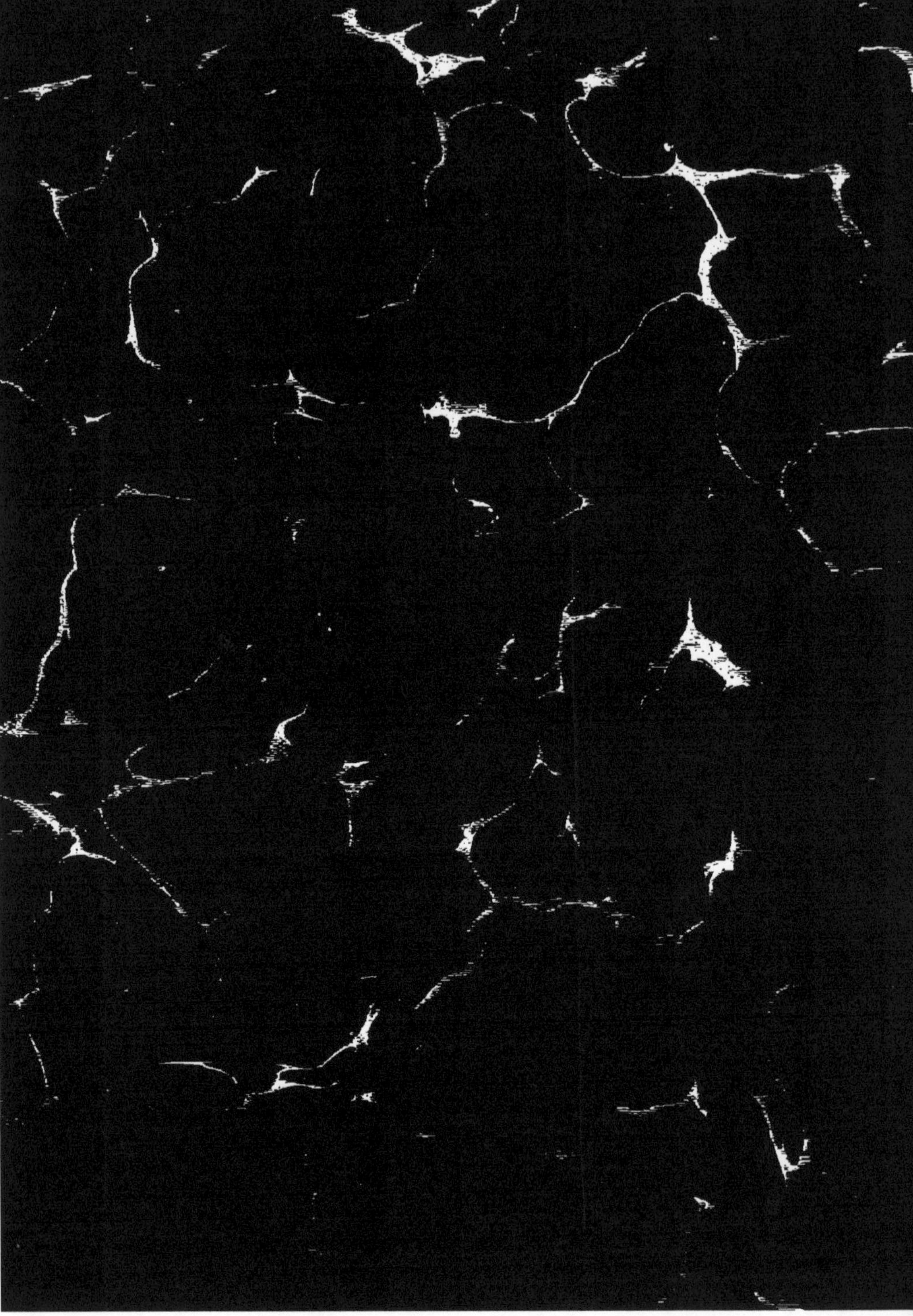

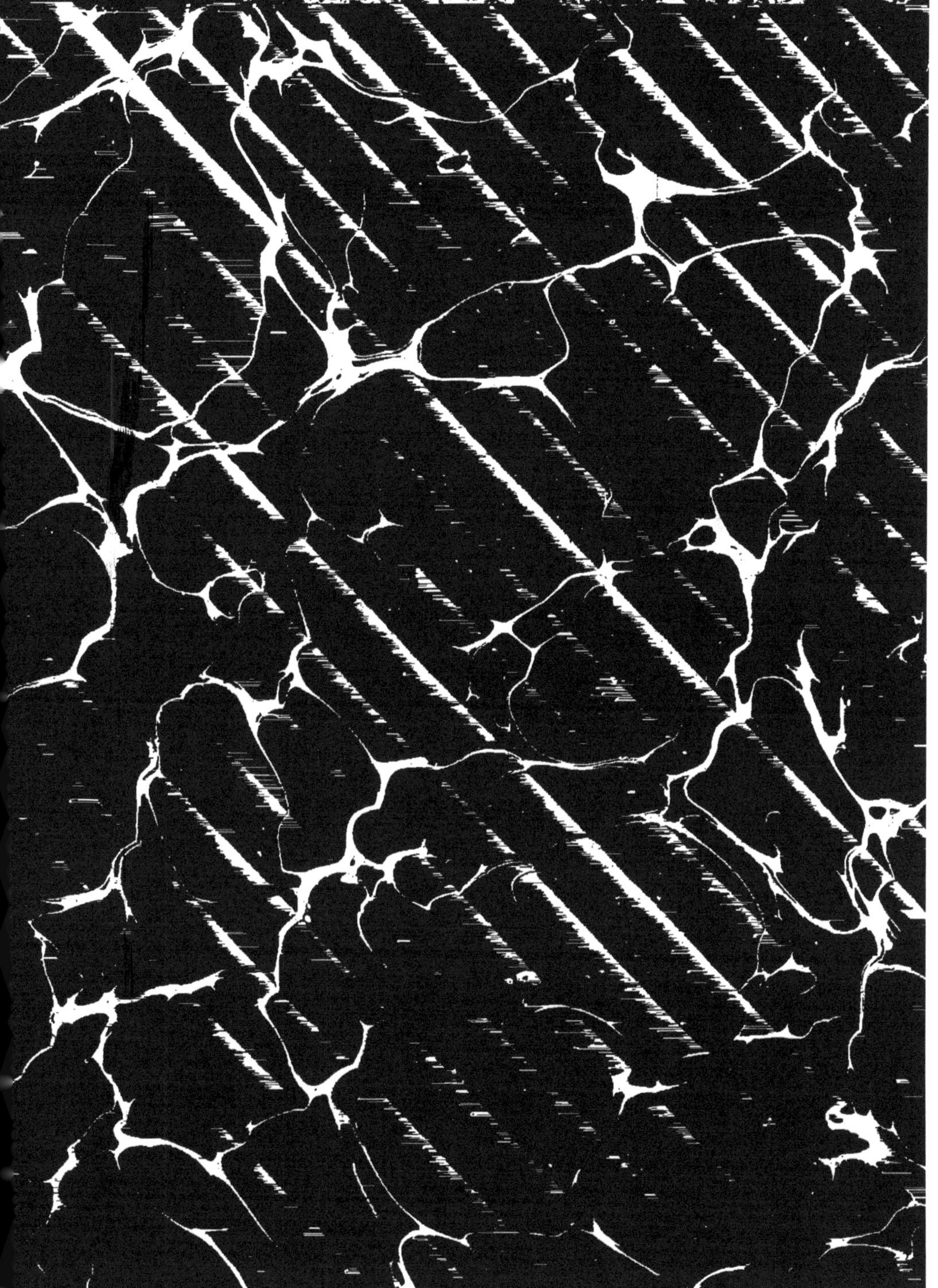

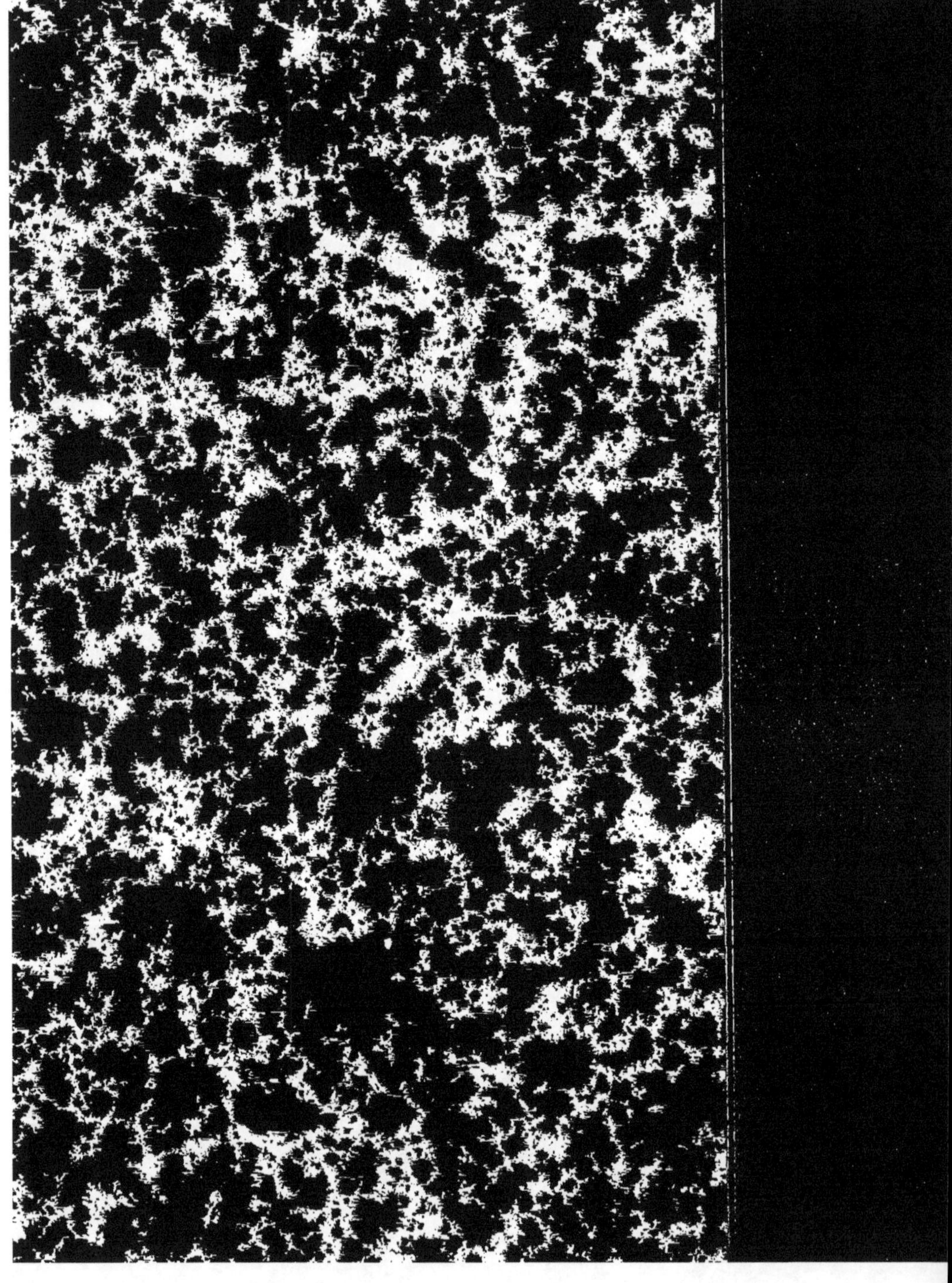

www.ingramcontent.com/pod-product-compliance
Ingram Content Group UK Ltd.
Pitfield, Milton Keynes, MK11 3LW, UK
UKHW012243240726
13966UKWH00004B/1263

9 782012 465619